INTERNET

JÉRÔME COLOMBAIN

LES ESSENTIELS MILAN

Sommaire

Internet, c'est quoi ?

Un phénomène de société

Un outil qui bouscule le droit

Internet et les affaires

Et demain ?

Approfondir

Les mots suivis d'un astérisque (*) sont expliqués dans le glossaire.

Le monde à portée de souris

Interconnexion de réseaux informatiques à l'échelle planétaire, Internet est souvent présenté comme une fantastique banque de données mondiale. Visiter une exposition « virtuelle* » sur le Web*, consulter la bibliothèque du Congrès américain, commander une pizza ou visionner des images pornographiques : tout cela est possible à présent avec un ordinateur connecté au réseau mondial. Et bien plus encore ! Courrier électronique*, forums de discussion*, téléchargement* de fichiers, téléphonie, visioconférence : l'Internet (le « Net » pour les initiés) présente une multitude de facettes.

Toutefois, Internet n'est pas un produit fini, prêt à l'emploi, comme le Minitel ou la télévision. Son usage nécessite un peu d'apprentissage. Il s'adapte et se modèle au gré de ses seuls propriétaires : les millions d'utilisateurs. Un étrange outil qui soulève de multiples questions : droits d'auteurs, piratage, censure… Aujourd'hui, il se professionnalise et devient plus commercial.

Cet ouvrage n'est pas un mode d'emploi. Il présente l'essentiel de l'Internet actuel et évoque ce qu'il pourrait être demain. Un royaume où chacun devrait pouvoir trouver son bonheur.

La genèse

Internet signifie « *Inter Networks* », c'est-à-dire interconnexion de réseaux informatiques. Une technologie trentenaire.

Combien d'internautes ?
Impossible de connaître avec précision le nombre de personnes connectées à Internet. Des estimations font état de 30 à 50 millions d'utilisateurs, occasionnels ou réguliers, dans 170 pays, dont à peine 100 000 à 500 000 en France en 1996.

Réseaux

L'ordinateur est un formidable outil de « traitement de l'information » (traitement du texte, calcul, traitement de l'image, du son, etc.). Mais un ordinateur isolé demeure un outil aux possibilités limitées.

Imaginons plusieurs ordinateurs reliés entre eux : il devient alors possible de partager de l'information, de travailler à plusieurs sur un même document et d'échanger des messages à distance. Ainsi l'ordinateur devient un outil de communication et de partage du savoir. Imaginons un protocole de transmission* « par paquets » permettant à tous ces ordinateurs d'entrer en contact les uns avec les autres quelles que soient leurs spécifications techniques. Ce protocole s'appellerait TCP/IP*. Internet serait créé.

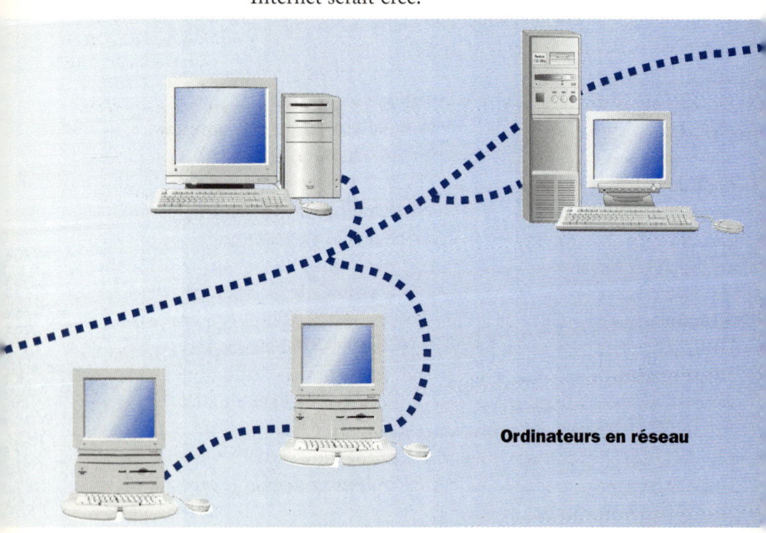

Ordinateurs en réseau

Arpanet, l'ancêtre

En 1969, l'Arpa, département des « projets avancés » de l'armée américaine, met au point un système de communication entre ordinateurs distants dédié à la recherche scientifique. C'est la naissance du réseau Arpanet. Le système est conçu sans point central afin de pouvoir croître et résister théoriquement à une attaque nucléaire ! Aucun missile ne peut anéantir « le cerveau » puisqu'il n'y en a pas. Ou plutôt, il y en a une multitude. En cas de destruction partielle, les machines restantes peuvent se reconnecter entre elles grâce aux lignes encore en état.

1974-1994 : la croissance

Dans les années soixante-dix, plusieurs réseaux informatiques voient le jour dans différents pays (Cyclades puis Transpac, notamment, en France) mais fonctionnant chacun selon ses propres standards. En 1974, l'Américain Vinton Cerf, alors âgé d'une trentaine d'années, met au point un « langage » commun (*voir* pp. 6-7) permettant à tous ces archipels isolés de communiquer entre eux : le concept d'«inter-net » (ce sera sa première dénomination) est créé. Le système prend corps autour d'Arpanet, puis de NSFnet, le réseau de la *National Science Foundation* (NSF). La France s'y connecte, par-delà l'Atlantique, en 1988. Plus tard, en 1994, le président des États-Unis, Bill Clinton, retire à la NSF l'administration de l'Internet pour la confier aux organismes commerciaux. Le « Net » quitte alors le cercle fermé des universités et commence à conquérir le grand public.

Univers cybernétique

L'Internet est un réseau de réseaux (70 000 environ) à l'échelle mondiale. Les applications développées sur la base de ce fantastique maillage informatique constituent ce que l'on appelle l'univers cybernétique ou cyberespace*. Le flou qui entoure l'Internet (aucune limite, pas vraiment de règles légales) en fait sa richesse et offre à l'utilisateur une immense liberté.

Trois fonctions

Les fonctions de base de l'Internet sont le courrier (dit électronique), le transfert de fichiers et la connexion à distance. À partir de ces fonctions simples, toute une série de développements ont enrichi l'Internet et diversifié ses possibilités.

Qui sont les internautes ?

Selon différentes études, l'internaute type est un homme, jeune, habitant la région parisienne, exerçant une profession intellectuelle et gagnant plutôt bien sa vie.

Internet voit le jour dans les années soixante-dix aux États-Unis. Il est ouvert au grand public en 1994.

Comment ça marche ?

Une vaste « machinerie » informatique fait fonctionner Internet. Visite en coulisse.

Langage commun

Le « langage » de l'Internet qui permet aux ordinateurs de communiquer entre eux s'appelle TCP/IP (*Transmission Control Protocol over Internet Protocol*). C'est l'invention majeure au cœur du concept. Grâce à TCP/IP, des ordinateurs jadis incompatibles (PC, Mac, Unix, etc.) peuvent correspondre et échanger des informations. C'est le règne de l'universalité.

Par paquets

Afin d'aller plus vite, sur l'Internet, les données informatiques voyagent « par paquets ». Elles sont découpées en morceaux au départ puis reconstituées à l'arrivée. Ces paquets peuvent emprunter des chemins plus ou moins détournés pour arriver à bon port. Si une ligne est surchargée ou interrompue, l'information utilise une autre voie. Ainsi, un message envoyé de Paris vers New York peut transiter par Londres, Montréal ou Nice. Le bon acheminement des paquets est assuré par des ordinateurs intermédiaires appelés « routeurs ». L'Internet utilise une grande variété de liaisons : lignes téléphoniques, câble (fibre optique), satellites, etc.

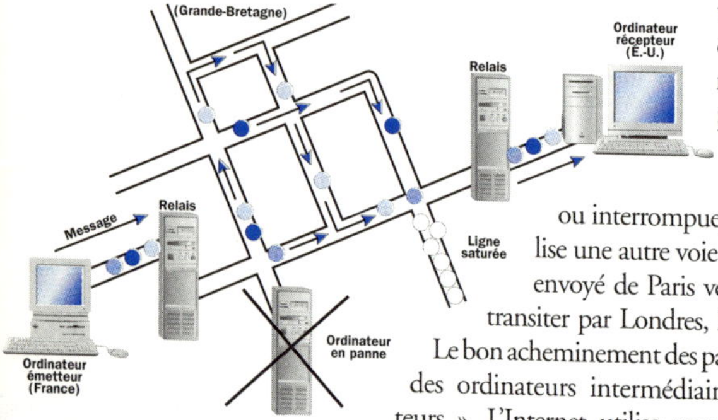

La transmission par paquets

Les messages sont découpés en paquets au départ et réassemblés à l'arrivée.

Gratuité

Que paye l'utilisateur ? Deux choses : un abonnement mensuel auprès d'un fournisseur d'accès* (*voir* pp. 52-53), puis des communications téléphoniques en fonction du temps de connexion. Une fois qu'il est connecté, l'internaute peut utiliser librement le courrier électronique*, les *newsgroups**, ou le World Wide Web* sans supplément de prix sauf…

certaines prestations désormais payantes sur le Web (téléachat*, *voir* pp. 38-39). Qui finance l'infrastructure ? Ce sont les nombreuses universités, organisations gouvernementales et (depuis 1994) entreprises privées auxquelles appartiennent les réseaux constituant le maillage mondial. Pour l'utilisateur, le prix est le même pour l'envoi d'un message en Australie ou la consultation d'un service situé au coin de la rue. L'Internet a pulvérisé la notion distance/prix à laquelle nous avait habitué le téléphone.

Avec ou sans « l' »
Internet ou l'Internet ? Les avis sont partagés. « L'Internet » semble venir de l'anglais « the Internet ». Mais certains pensent qu'Internet est un nom propre et doit donc s'employer sans article. Comme pour (le) Minitel, les deux formulations sont utilisées.

Applications

Tout système informatique fonctionne grâce à des logiciels qui servent d'intermédiaire entre l'homme et la machine. Jadis, les pionniers de l'Internet avaient recours à des séries de codes complexes. Aujourd'hui, pour naviguer sur le Web, envoyer du courrier électronique*, s'exprimer dans les forums de discussion*, téléphoner ou faire de la visioconférence, on utilise des programmes appelés « logiciels clients » (« clients » car ils permettent de se connecter à des serveurs) qui sont devenus de plus en plus conviviaux au fil des années, notamment grâce à Windows*. On n'apprend pas à « se servir » de l'Internet, on apprend progressivement à utiliser les logiciels et les différentes ressources du système en fonction de ses besoins.

Embouteillages

Il faut mettre en garde l'utilisateur débutant qui aurait d'Internet une image trop idyllique. Son usage relève encore quelquefois du bricolage. « *Ça ne passe pas* », « *ça rame* », « *c'est planté* » font partie du vocabulaire courant. Principal désagrément : les temps d'attente dus à la saturation des lignes. À certaines heures, entre 18 h et 22 h, lorsque l'Europe et les États-Unis sont connectés en même temps, les autoroutes de l'information ressemblent à de modestes départementales bien embouteillées. Les images s'affichent lentement, cela bouchonne à l'entrée des sites Web les plus visités, les transmissions sont ralenties (et pendant ce temps le compteur tourne !). Il faut parfois de la patience, ne serait-ce que pour obtenir la connexion chez son fournisseur d'accès*.

Internet n'appartient à personne. Il fonctionne grâce au protocole TCP/IP et à des logiciels clients qui s'améliorent sans cesse.

Le courrier électronique (*e-mail*)

Envoyer des messages en quelques secondes à l'autre bout du monde pour le prix d'une communication locale ! Le courrier électronique est le service le plus utilisé sur Internet.

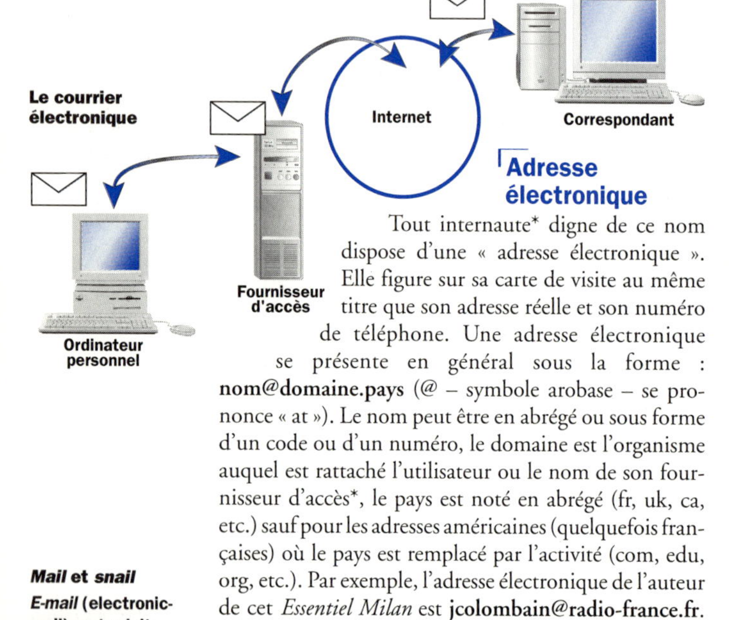

Le courrier électronique

Adresse électronique

Tout internaute* digne de ce nom dispose d'une « adresse électronique ». Elle figure sur sa carte de visite au même titre que son adresse réelle et son numéro de téléphone. Une adresse électronique se présente en général sous la forme : **nom@domaine.pays** (@ – symbole arobase – se prononce « at »). Le nom peut être en abrégé ou sous forme d'un code ou d'un numéro, le domaine est l'organisme auquel est rattaché l'utilisateur ou le nom de son fournisseur d'accès*, le pays est noté en abrégé (fr, uk, ca, etc.) sauf pour les adresses américaines (quelquefois françaises) où le pays est remplacé par l'activité (com, edu, org, etc.). Par exemple, l'adresse électronique de l'auteur de cet *Essentiel Milan* est **jcolombain@radio-france.fr**. Les adresses électroniques s'écrivent sans espaces ni accents.

Mail et _snail_

E-mail **(electronic-mail) se traduit par « courrier électronique », « courrier-e » ou encore « courriel » (par opposition, le courrier postal est appelé *snail mail*, « courrier escargot »).**

Boîte aux lettres électronique

Pour envoyer un courrier (un *mail*), il faut un logiciel spécifique comme *Eudora* ou *Netscape*. Il suffit de remplir l'en-tête (adresse du destinataire, objet du message, etc.), de taper le texte et, lorsque tout est prêt, de cliquer

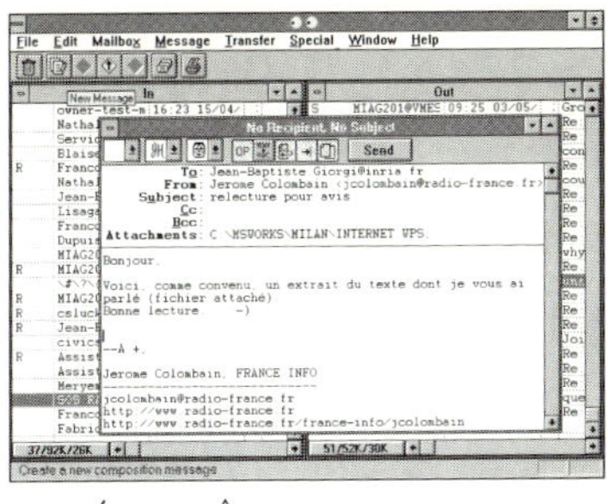

sur le bouton envoi ou *send* (la connexion Internet doit être effective à cet instant). Le message met à peine quelques secondes pour traverser la France, une ou deux minutes pour franchir l'Atlantique… Le destinataire n'a pas besoin d'être connecté au même moment. Pour consulter son courrier, l'utilisateur relève sa boîte aux lettres électronique (située en fait sur l'ordinateur de son fournisseur d'accès). Les messages sont alors rapatriés sur son ordinateur personnel. Ils peuvent être lus à l'écran, imprimés, conservés, réexpédiés, etc. Le courrier électronique fonctionne 24 h sur 24 h. L'utilisateur ne paye que la communication entre son domicile (ou son bureau) et son point d'accès. Il peut relever son courrier à partir de n'importe quel ordinateur connecté à Internet, ce qui est pratique lorsqu'il voyage.

Pas d'accent

Le courrier électronique utilise un codage en ASCII, norme informatique américaine qui ne prévoit ni accents ni cédilles. Pour éviter que le destinataire ne reçoive des symboles illisibles, on a tendance à se passer des caractères accentués.

Documents joints

Il est possible d'envoyer un document annexe, comme une photo, par courrier électronique. Le *e-mail* permet en effet « d'attacher » n'importe quel type de fichier informatique (un document issu d'un traitement de texte, un programme informatique, un document sonore, etc.). Pour envoyer une photo, l'utilisateur doit d'abord la scanner, c'est-à-dire la numériser pour la transformer en fichier informatique, puis l'adjoindre à son courrier… d'un simple clic de souris.

Des utilisations multiples

Le courrier électronique est certainement appelé à connaître un formidable essor. De nombreux professionnels communiquent par ce biais. Le monde de la presse et de l'édition l'utilise pour transmettre des maquettes comprenant textes et images. Des organismes diffusent leurs communiqués. La pratique des mailings (envoi de courriers en masse), encore mal vue sur Internet, se développe.

Les abonnés à Internet disposent d'une ou de plusieurs adresses électroniques qui les identifient sur le réseau mondial.

Un forum planétaire

Internet offre une multitude de services permettant de dialoguer et d'échanger des informations.

***Newsgroups* : les grands thèmes**

alt. : un peu de tout
bio. biology
biz. business : affaires, commerce
comp. computer : tout ce qui touche à l'informatique
fr. groupes spécifiquement français
misc. tout ce qui est inclassable ailleurs
rec. récréation : loisirs
sci. sciences
soc. society : discussions sur les pays, les cultures, les faits de société

Suivant le nom du *newsgroup*, le sujet est plus ou moins pointu.
Exemples :
alt.sport sport en général
alt.sportfootball football
alt.sport.football.pro discussion sur le football professionnel
alt.sport.football.pro.baltimore le football professionnel à Baltimore (É.-U.)

Les forums de discussion

Issus du monde universitaire, les « forums » ou « groupes de discussion » *(newsgroups* ou *Usenet)* sont un espace de rencontre mondial. Ils sont thématiques dans les domaines les plus divers (arts, commerce, cuisine, musique, science, sport, etc.). Chaque internaute* peut consulter les *News* mais aussi « poster » sa propre contribution qui sera lue par les autres. Il existe plusieurs milliers de *newsgroups*. La liste de ceux auxquels l'utilisateur peut accéder dépend de la sélection faite par son *provider**. La plupart sont en anglais. Certains hébergent des discussions scientifiques ou commerciales très sérieuses, d'autres ressemblent un peu à ce qui s'entend sur la CB. Les *newsgroups* ont donné naissance à une véritable communauté, constituée de sous-communautés par centres d'intérêt, où les barrières sociales, professionnelles et de nationalité sont abolies. Ainsi, un homme d'affaires français peut discuter de surf avec des étudiants indonésiens ou de philatélie avec des universitaires allemands…

Les « listes de diffusion »

Les « listes de diffusion » (*mailing lists*) sont des systèmes d'échanges d'informations par *e-mail**. Il faut s'inscrire auprès d'un serveur pour recevoir périodiquement, dans sa boîte aux lettres électronique, des bulletins d'information concernant un sujet choisi. L'abonné peut adresser lui-même une contribution qui sera distribuée à tous les autres. Ce service est gratuit. Il est possible de souscrire à plusieurs listes et de résilier son abonnement à tout moment.

L'IRC

L'*Internet Relay Chat* est une variante « temps réel » des *newsgroups*. L'IRC permet de dialoguer « en direct » avec un ou plusieurs interlocuteurs. C'est l'équivalent des messageries Minitel. Il suffit de taper un texte au clavier pour que celui-ci apparaisse immédiatement sur les écrans de tous les autres utilisateurs connectés. Les conversations ont lieu dans des « salons virtuels », en principe thématiques. L'IRC est une activité très prisée des jeunes habitués des cybercafés*. Un phénomène à la mode : l'organisation de débats avec des stars de la chanson, du cinéma ou du sport…

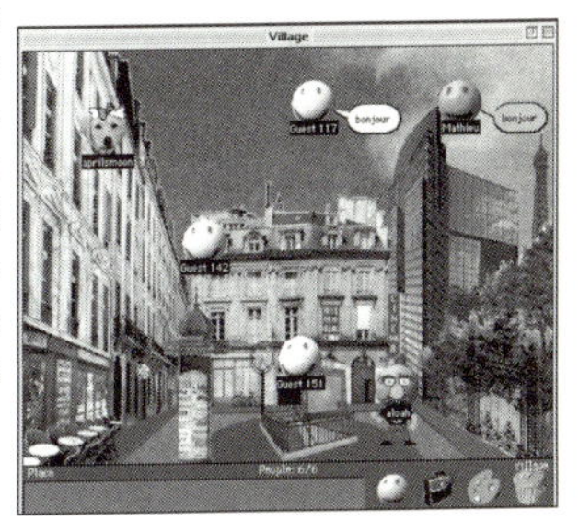

"Le Village" et ses avatars, un IRC français en 3D (Webconcept).

La 3e dimension

Certains serveurs proposent des IRC en trois dimensions : dans un décor virtuel (une rue, un café, un salon, etc.), les utilisateurs apparaissent sous forme de petits personnages appelés « avatars » qui peuvent se déplacer dans le décor. Les messages s'affichent dans des bulles comme dans les bandes dessinées. Les MUD (*Multi-User Dungeons*) en sont un dérivé : il s'agit de jeux de rôles en 3D où s'affrontent des participants des quatre coins de la planète. Aujourd'hui essentiellement ludique, ce système pourrait devenir demain un moyen d'évoluer dans les futurs « mondes virtuels » de l'Internet tels que les « galeries marchandes électroniques » (*voir* pp. 48-49).

L'image et le son

L'Internet permet de dialoguer en son grâce aux logiciels de phonie (*voir* pp. 44-45) et en image (*CU-SeeMe = see you see me!* « je te vois tu me vois »). Il suffit de brancher une caméra sur son ordinateur. La qualité est toutefois médiocre au rythme d'à peine 3 à 5 images par seconde (à la télévision il y a 25 images par seconde). Ces systèmes encore balbutiants laissent présager toutefois des développements futurs de l'Internet.

Moins populaires que l'*e-mail* ou le World Wide Web, les *newsgroups* et l'IRC sont d'autres applications de l'Internet qui contribuent à développer une cyberculture*.

Le coin des bidouilleurs

Certaines applications d'Internet sont assez ardues. Elles offrent néanmoins quantité de possibilités.

Le transfert de fichiers…

Le téléchargement consiste à rapatrier sur son ordinateur des documents informatiques pour une utilisation ultérieure. Il s'opère grâce au FTP (*File Transfer Protocol*/« Protocole de transfert de fichiers »). De nombreux sites universitaires proposent des programmes divers (jeux, calcul, comptabilité, généalogie, images, mises à jour de logiciels, etc.). Conformément à l'« esprit Internet » (*voir* pp. 14-15), ces programmes sont pour l'instant gratuits (*freewares**) ou soumis à une obligation morale de rémunération (*sharewares**). On y trouve des logiciels parfois plus performants que ceux distribués dans le commerce ! Le FTP permet notamment de se procurer des outils nécessaires à l'exploitation des ressources du World Wide Web* tels que *players* de sons et *viewers* d'images. Attention, le téléchargement est un bon moyen d'attraper un virus !

… dans les deux sens

FTP permet également « d'envoyer » des fichiers de son ordinateur sur une autre machine. Il faut bien sûr avoir l'accord du réseau destinataire et donc les codes d'accès adéquats. Cette méthode est utilisée pour tenir à jour une page Web* hébergée chez un *provider**.

Telnet

Telnet est un système qui permet de se connecter à distance sur un ordinateur afin de le piloter comme si l'on

Internet, cet inconnu

En 1996, moins d'un Français sur deux a une vague idée de ce qu'est Internet. La majorité ne sait pas de quoi il s'agit, et pour 17 % c'est même une agence d'intérim, une entreprise de nettoyage ou encore un satellite. (Sondage Publimétrie-La Cinquième développement, avril 1996, auprès d'un échantillon de 1 003 personnes).

était sur place. Telnet est peu utilisé par le grand public. À condition d'avoir les autorisations, il permet d'accéder aux gros systèmes des entreprises ou des universités. Les universitaires y ont recours pour exploiter des centres de calculs distants. Un administrateur de réseau en déplacement et équipé d'un ordinateur portable peut, par exemple, faire de la maintenance à distance (télémaintenance), c'est-à-dire intervenir sur son système comme s'il se trouvait dans son bureau. Les informaticiens avertis peuvent utiliser Telnet pour consulter telle ou telle base documentaire. Telnet ne permet pas de télécharger des fichiers.

Internet par rapport au Minitel

Le Minitel est un système résolument grand public centralisé et contrôlé. Un Minitel est un terminal peu puissant qui donne accès à des informations authentifiées se trouvant sur des serveurs clairement identifiés. Internet, au contraire, est un dispositif ouvert et anarchique où chacun peut être à la fois spectateur et acteur.

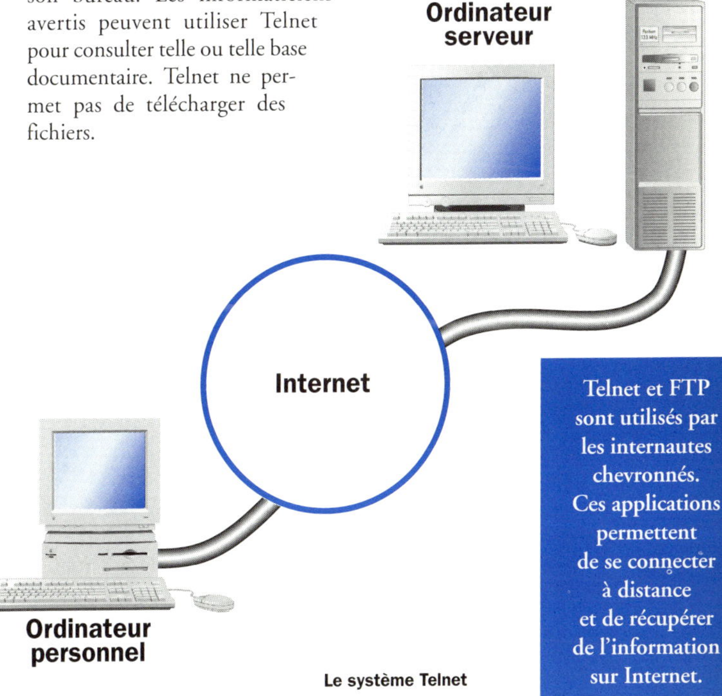

Le système Telnet

Telnet et FTP sont utilisés par les internautes chevronnés. Ces applications permettent de se connecter à distance et de récupérer de l'information sur Internet.

L'« esprit » Internet

Le réseau mondial a ses us et coutumes, hérités des premières heures de la cyberculture*, mais qui tendent à évoluer.

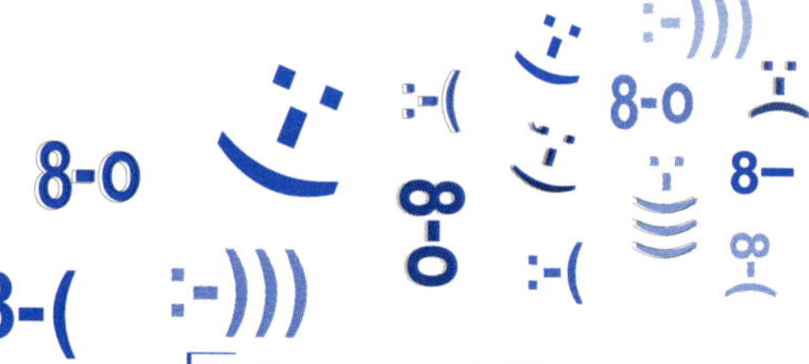

Un langage spécifique

Les *newsgroups**, l'IRC* et l'*e-mail** sont le royaume des abréviations et des symboles. Les *smileys* (« Émoticons » selon une tentative de traduction en français pour « émotions » et « icônes ») permettent d'exprimer des sentiments avec les seuls caractères textuels.

:-) représente un visage souriant, lorsqu'on penche la tête à gauche, et souligne ainsi le caractère humoristique d'un propos. Cela conduit à une vaste déclinaison :

:-(mécontent ;

;-) clin d'œil ;

:-o étonné ;

8-) internaute à lunettes, etc.

À l'usage, ces symboles se révèlent plus pratiques qu'il n'y paraît, car ils permettent de nuancer un discours, mais seuls :-(et :-) ou par extension :-)))) sont vraiment utilisés.

Quelques abréviations

IRL = *In Real Life*/« Dans la vraie vie »

u = *you*/« vous »

BTW = *By The Way*/« À propos »

(mauvaise) HUMEUR

Écrire un texte en capitales signifie que l'on élève le ton.

La Netiquette

L'immense liberté qui règne dans l'univers de l'Internet, où chacun s'exprime d'égal à égal, a conduit à l'élaboration de règles auxquelles les nouveaux venus sont tenus de se conformer sous peine d'être mis à l'index. Cette éthique s'appelle la « Netiquette » (l'étiquette du Net). Dans les *newsgroups*, par exemple, il est très mal vu de poster un article sans rapport avec le thème de discussion (ex : une question technique sur l'informatique dans un groupe de cuisine). Les annonces publicitaires sont violemment combattues, le tutoiement est d'usage, etc. (avant de poster un article dans un groupe, mieux vaut consulter les FAQ = *Frequently Asked Questions*/« Questions fréquemment posées » ou « Foire aux questions »).

Autorégulation

À quoi s'exposent les contrevenants à la « Netiquette » ? Essentiellement à la colère des autres usagers. Des joutes verbales, appelées *flames*, animent régulièrement les *newsgroups*. Dans les groupes soumis à l'autorité d'un modérateur, les messages incongrus peuvent être censurés avant même leur diffusion. Sur IRC, le trouble-fête peut être « kické », c'est-à-dire expulsé, par le leader. Une vengeance particulièrement violente consiste à inonder la boîte aux lettres électronique d'un contrevenant avec des messages très longs afin de la bloquer. Enfin, ultime recours, la suspension d'abonnement. Elle peut être décidée par un *provider** si celui-ci attache quelque importance au comportement de ses abonnés.

Liberté et anarchie

Internet a longtemps été un monde sans argent fondé sur la noble idée du partage des connaissances. La maîtrise de l'outil a contribué à créer un sentiment de communauté d'inspiration libertaire propre à la culture informatique. Les utilisateurs sont en général des gens animés par une soif de communication alliée à une certaine passion de la technique. Mais l'ouverture au grand public conduit à une inévitable dérive mercantile. L'utilisateur non spécialiste qui paye pour accéder au Net souhaite en avoir « pour son argent ». Il est exigeant et parfois sans gêne. Le réseau perd de sa gratuité au profit de services payants (*voir* pp. 18-19). Les « babas cools » du Net font place à une nouvelle population de « cyber-branchés ».

Un code de bonne conduite régit l'utilisation des espaces de discussion. Mais le savoir-vivre électronique initié par les précurseurs résiste mal aux effets de la commercialisation du Net.

Le World Wide Web (1) : la technique

Le Web est la facette la plus connue d'Internet. C'est la partie multimédia du réseau mondial. Sa convivialité a largement contribué à l'essor du phénomène auprès du grand public.

Toile d'araignée mondiale

Inventé au CERN (Centre européen de recherche nucléaire) de Genève en 1989 par Tim Berners-Lee, le World Wide Web (« toile d'araignée mondiale ») est un système de présentation et de consultation des informations hypertexte* multimédia*. Il s'est largement imposé sur Internet en remplacement de Gopher*. Les informations apparaissent sous forme de pages d'écran pouvant contenir du texte mais aussi des images et des instructions déclenchant des éléments sonores. Ces pages sont agréables à consulter et peuvent s'enrichir de multiples effets de présentation. Également appelé WWW, W3, W cube ou tout simplement Web, le World Wide Web permet d'accéder à une quantité gigantesque d'informations à travers le monde.

« Surfer » sur le Web

La grande spécificité du Web réside dans son système de navigation « hypertexte ». Comme dans certaines encyclopédies, les pages comportent des mots clés – la plupart du temps de couleur bleue soulignés – ou des icônes qui sont en fait des éléments actifs menant vers d'autres pages Web. Il suffit de cliquer sur ces liens hypertextes pour passer à d'autres écrans contenant à leur tour d'autres informations. Ces liens conduisent à des pages situées sur le même ordinateur ou bien à l'autre bout du monde ! Avec World Wide Web, il n'est pas nécessaire de connaître l'endroit où se trouvent physiquement les données pour y accéder. L'utilisateur « surfe » ainsi à travers la planète, sans se soucier des distances, à la découverte des richesses de l'Internet !

« Surfer » sur le Web

Cela ferait baisser la productivité dans les entreprises. Selon une étude réalisée en 1995 en Grande-Bretagne, les employés naviguent sans but sur le réseau au lieu de travailler efficacement...

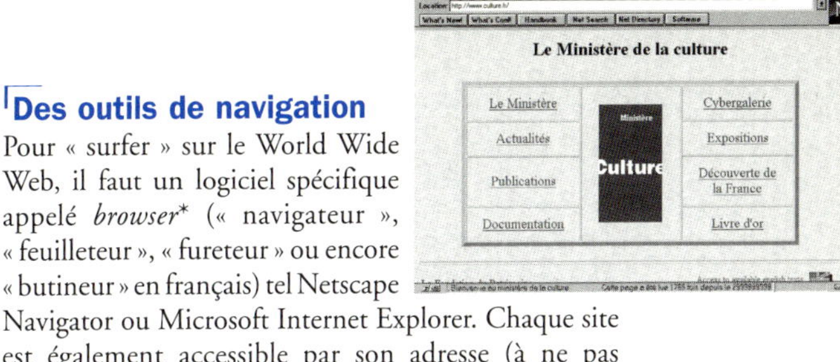

Des outils de navigation

Pour « surfer » sur le World Wide Web, il faut un logiciel spécifique appelé *browser** (« navigateur », « feuilleteur », « fureteur » ou encore « butineur » en français) tel Netscape Navigator ou Microsoft Internet Explorer. Chaque site est également accessible par son adresse (à ne pas confondre avec l'adresse *e-mail** !) appelée URL (*Uniform Resource Locator*). Par exemple, l'URL du site Web du ministère de la Culture est : http://www.culture.fr.

Un immense labyrinthe

W3 est une gigantesque bibliothèque mais malheureusement sans catalogue. Il n'est pas toujours facile d'y trouver les informations que l'on cherche. On a donc recours à des annuaires papiers – forcément incomplets – ou à des « moteurs de recherche »* en ligne comme Yahoo !, AltaVista ou Lokace, des serveurs dont l'activité consiste à explorer en permanence le réseau afin de recenser, thème par thème, ses multiples ressources. Pour l'instant, l'accès à ces moteurs de recherche est gratuit.

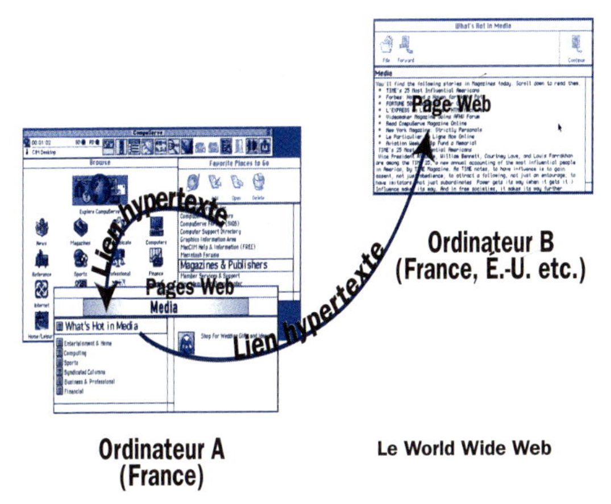

Le World Wide Web

Les sites Web ressemblent aux services Minitel mais ils offrent en plus l'image, le son et la navigation hypertexte qui permet de « surfer » de l'un à l'autre.

Le World Wide Web (2) : le contenu

Visiter le Louvre « virtuel »*, lire *Le Monde* ou *Libération*, écouter France Info ou les Rolling Stones : c'est sur le Web que ça se passe !

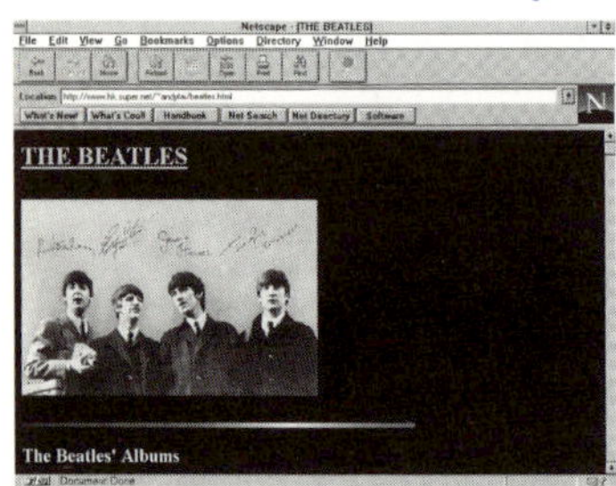

Les Beatles sur le Net

Ils ont bien entendu leurs sites officiels (émanant de la maison de production EMI) et non officiels (montés par les fans du monde entier). On y trouve des paroles de chansons, des pochettes d'albums, des anecdotes, le point sur la rumeur concernant la mort de Paul McCartney, etc. En mai 1996, le moteur de recherche* Alta Vista recensait 40 000 pages Web se rapportant aux Beatles !

Un livre aux millions de pages

Le World Wide Web est sans doute le « service » d'Internet promis au plus bel essor. Il existe des millions de serveurs ou sites ou pages Web de par le monde (serveur désignerait plutôt l'ordinateur hébergeant le *site* comprenant lui-même des pages). Il s'en crée chaque jour de nouveaux : sites culturels, informatifs, ludiques, commerciaux, etc. Il est impossible d'en dresser une liste exhaustive (*voir* sélection pp. 56-57). Certains sont officiels, émanant d'organismes gouvernementaux ou commerciaux, d'autres sont mis sur pied par des associations ou par de simples particuliers (*home pages**).

Édition multimédia

Le World Wide Web s'est imposé comme un nouveau support de communication et d'édition. *Le Monde diplomatique*, *Les Dernières Nouvelles d'Alsace* ou *Time Magazine* y proposent des articles (attention ! certains sont payants). Radio France diffuse des émissions en ligne*, CNN suit l'actualité en images, France 3 retransmet des journaux télévisés. Des « journaux électroniques » sont diffusés exclusivement par ce biais. Microsoft, Benetton ou les restaurants de Paris s'affichent sur le Web. Le Louvre ou le Centre Pompidou présentent des reproductions d'œuvres. Des ministères, des universités, le Vatican, des banques, le FBI, des agences de voyages sont présents sur W3. Des fans de Céline Dion ou de Boris Vian ont créé des pages avec

textes et photos consacrés à leurs idoles. Des scientifiques y diffusent leurs thèses, le club des poètes de Paris y propose des poèmes, monseigneur Gaillot y tient un diocèse « virtuel », Stephen King y a publié un roman, les Rolling Stones y ont diffusé un concert (le son est encore de qualité moyenne sur le Web). On peut voir le temps qu'il fait en Californie grâce à une caméra braquée sur la baie de San Diego ou espionner les couloirs de Canal Plus. Le World Wide Web est un fantastique moyen de se distraire, de s'informer, de se cultiver… et de perdre son temps. On trouve TOUT sur le Web !

FBI :
un malfaiteur arrêté grâce à Internet.

Un monde en mouvement

Certains sites Web sont permanents, d'autres sont temporaires (liés à une manifestation par exemple). Certains se créent puis disparaissent aussitôt. D'autres sont laissés à l'abandon. Tout va très vite sur le Web. On a coutume de dire que le bon vieux temps c'était… le mois dernier. Tout cela n'est pas sans poser certains problèmes : des sites non mis à jour affichent des renseignements périmés. En outre, rien ne garantit l'authenticité des informations diffusées sur certains serveurs plus ou moins obscurs. Le Web peut être un formidable outil de propagande. L'utilisateur est livré à lui-même et ne peut s'en remettre qu'à son intelligence et à sa capacité de discernement…

« ***Le Web est un support universel au même titre que le papier.*** »
Tim Berners Lee (inventeur du Web)

Web pour tous

Par définition, aucun Big Brother ne contrôle le World Wide Web. C'est ce qui fait sa richesse en même temps que son manque d'unité. Il est assez facile de concevoir soi-même une page Web contenant des liens hypertextes* et de la faire héberger chez un *provider**. Quiconque a quelque chose à dire (ou même pas grand-chose…) peut s'afficher en multimédia à la face du monde !

Le Web, véritable caverne d'Ali Baba multimédia, est un nouveau moyen d'édition et d'expression. Le visiteur d'un site peut copier le contenu des pages Web sur son disque dur pour les conserver et les consulter hors connexion.

Cyberculture

Nerds, Netsurfers, Technos.
L'ère du multimédia génère sa propre culture... _cyber_.

Cyberespace

Qu'est-ce qui différencie un paysan n'ayant jamais vu un ordinateur d'un adolescent branché sur Internet ? Réponse : l'accès au monde parallèle du cyberespace. Utilisé pour décrire l'univers anarchique des réseaux informatiques, *cyber* vient, paradoxalement, d'un mot grec signifiant « gouverner ». Le mot « cybernétique » a été inventé en 1945 pour nommer la science des robots et des machines capables de se gouverner elles-mêmes. Le terme « cyberespace » (*cyberspace*) a été imaginé en 1984 par l'écrivain américain William Gibson dans son roman *Neuromancien* qui dépeignait un univers technologique décadent très noir. Cyberespace (ou encore cybermonde) est aujourd'hui employé pour décrire les mondes virtuels de l'Internet. Le mot *cyber* est mis à toutes les sauces pour définir tout ce qui touche au multimédia et au virtuel (cybernautes*, cybercafés*, cybersexe, etc.).

Culture *cyber*

On appelle *nerds* ces jeunes gens boutonneux rivés du matin au soir à leurs ordinateurs. Mais le monde *cyber*

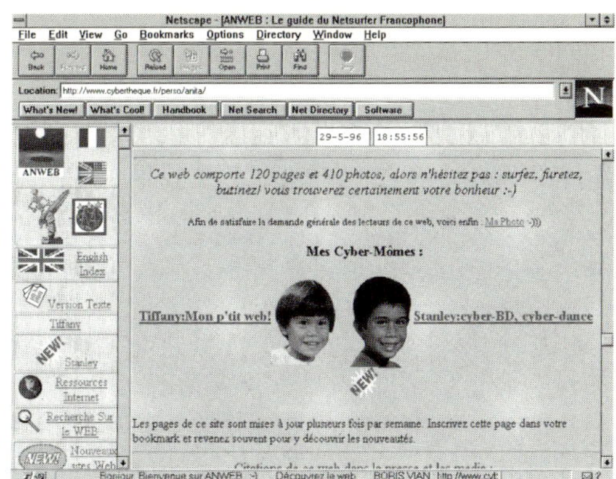

n'est plus aujourd'hui l'apanage des seuls adolescents en mal de communication. Le *cyber* est à la mode et revêt une tout autre image. La cyberculture est cette somme de connaissances et d'usages communs aux utilisateurs d'ordinateurs et de produits multimédias. Par extension, elle englobe aussi toute forme de création propre à ces supports (CD-Rom, pages Web*). La cyberculture a son langage fait d'anglais technique, de néologismes abréviatifs et de concepts nouveaux (par Internet, on « va » à San Francisco ou à Melbourne, on parle « dans » les *newsgroups* et l'on « surfe » « sur » le Web, tout cela sans quitter son siège…). Nouveau culte, la cyberculture a ses chapelles : *cyberpunks* et autres « technolibertaires ». La cyberculture fait peur à ceux qui s'en sentent exclus car elle enferme l'utilisateur dans un monde virtuel coupé de la réalité matérielle. Mais le *cyber* s'impose aussi comme une forme d'expression à part entière.

Toujours l'ordinateur

Accros de jeux vidéo, internautes* impénitents, fabricants de musique techno, tous ont en commun l'usage d'un outil fédérateur : l'ordinateur.

Home pages

Ils s'appellent Anita Nguyen, Tcherno ou Christian Perrot. Dans leur quartier, ce sont des stars. Leur quartier ? L'univers planétaire du cyberespace ou plus modestement le petit coin de Web* qu'ils se sont approprié. Car chacun d'eux a monté ses pages personnelles sur le World Wide Web. L'une affiche ses « cyber-mômes » et sa passion pour la moto, l'autre fabrique un journal électronique dont il signe les éditoriaux, le troisième a monté Nirvanet, un site sur fond de musique techno qui se veut le « temple de la cyberculture underground » ! Ces espaces virtuels s'illustrent par un réel souci de création quasi artistique. Petits sites deviendront grands…

La cyberculture unit tous ceux qui évoluent dans les mondes virtuels de l'Internet et du multimédia. Elle a ses codes et génère une nouvelle forme de création.

Un enjeu culturel

Le monde francophone semble menacé par le tentaculaire Internet anglophone. Aller sur Internet, c'est se transformer en immigré dans un pays supranational... très anglo-saxon.

Francophonie

On dit souvent que tout est en anglais sur Internet. Il est vrai que 60 à 90 % (selon des estimations) des informations qui s'échangent sur le réseau des réseaux sont dans la langue de Shakespeare. Mais qui peut prétendre être concerné par 100 % des ressources d'Internet ? Il reste donc une proportion – non négligeable – de services en français. Il existe de nombreux sites Web*, forums de discussion* et canaux IRC* francophones. À côté de l'Internet anglophone se développe une véritable communauté unie par l'usage d'une autre langue. Évidemment, se cantonner à la fréquentation des groupes francophones (*.fr*) interdit tout espoir de dialoguer avec des Américains ou des Australiens. Cette diversité culturelle fait la richesse du cyberespace*.

Musée Carnavalet

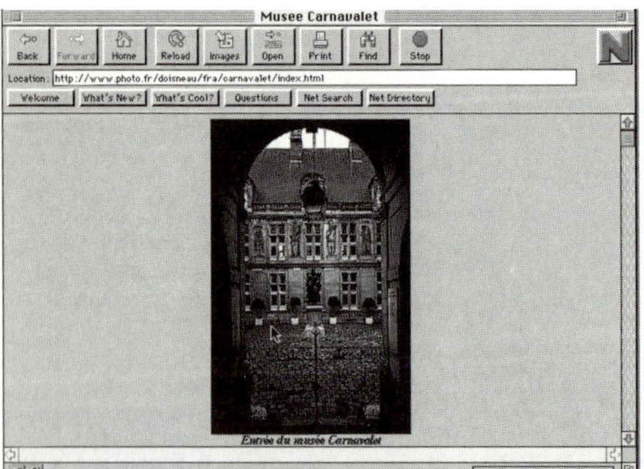

S'imposer

Pour certains, Internet ne serait qu'un nouvel instrument de l'hégémonie américaine. Si l'effet induit est réel, considérer le réseau mondial comme un simple outil de domination culturelle serait sans doute prêter beaucoup de machiavélisme à nos voisins d'outre-Atlantique. Internet n'est pas Coca-Cola et il ne tient qu'aux francophones de s'y imposer ! Heureusement, certains ont

« Le rayonnement de la France et de sa culture dépendra de la place qu'elle occupera dans la société de l'information. »
Alain Juppé (Premier ministre, avril 1996)

déjà commencé. Les sites dans la langue de Molière sont de plus en plus nombreux sur le World Wide Web. Il existe des moteurs de recherche* consacrés aux serveurs francophones (Lokace, Ecila).
Les pouvoirs publics, conscients des enjeux, veulent entreprendre une « francisation » d'Internet et de son vocabulaire. Il y a urgence en effet mais la tâche s'annonce difficile car l'usage de l'anglais demeure indispensable pour utiliser un système par essence international.

Traduction
Certains logiciels (comme Web Translator de GlobalLink) permettent de lire en français des pages Web anglo-saxonnes.

L'exemple québécois

Les Québécois, pour lesquels la défense de la langue française est une quasi-religion, ont fait d'Internet un nouveau terrain de croisade : des gazettes en ligne informent des nouveaux sites en français (Branchez-vous, Chroniques de Cybérie), des universitaires étudient la langue et tentent de traduire les termes anglais (Centre international pour le développement de l'inforoute en français, Office de la langue française), le correcteur François Hubert traque les fautes d'orthographe sur les serveurs Web. N'y a-t-il pas une place pour un Internet à la française ?

La défense de la langue française sur Internet passe par une mobilisation des acteurs de la francophonie.

Révolution ou évolution ?

Les pionniers de l'Internet se sont pris à rêver d'une « démocratie électronique directe ». On parle d'une révolution comparable à l'invention de l'imprimerie ou du téléphone.

Société de l'information

Imaginons un monde où les magasins, les bibliothèques, les cinémas, les banques, les postes ou les écoles resteraient ouverts jour et nuit et se trouveraient partout à la fois ? Nous n'en sommes peut-être pas très loin. Déjà se mettent en place des structures de commerce, de culture et d'éducation à distance par voie électronique. Le télé-enseignement ne remplace pas l'école mais il permet d'apporter le savoir à des enfants malades ou isolés. L'explosion du Web engendre des métiers neufs : infographistes ou créateurs multimédias, journalistes en ligne* (*on line*), administrateurs de sites*, etc. Notre société s'organise aujourd'hui massivement autour de la circulation de l'information. Le télétravail devient une réalité. On parle de « société de l'information ». Internet est l'un des outils qui contribuent à la mondialisation et à l'immédiateté de ces informations.

Nouveau média

Internet va-t-il remplacer les médias traditionnels ? Certes, les enfants américains regardent moins la télévision depuis qu'ils « surfent » sur le Web. Mais la radio et la télévision ont-elles tué le livre et la presse écrite ? Les journaux électroniques viendront sans doute se superposer aux systèmes habituels sans forcément les déloger. En revanche, on peut penser que l'interactivité offerte par les nouvelles technologies va modifier nos comportements et accroître,

« Avec les nouveaux outils, la concentration du savoir va être dynamitée. »
Michel Serres (philosophe)

Infonie, un mini-Internet à la française, lancé en octobre 1995.

notamment, notre tendance au *zapping*. Les médias traditionnels devront probablement s'adapter.

Monde à deux vitesses

Une crainte : la société de l'information sera-t-elle réservée à ceux qui peuvent se payer un ordinateur et qui savent s'en servir ? Internet va-t-il accentuer la « fracture sociale » ? On parle déjà d'« info riches » et d'« info pauvres ». Face à ce défi, les pouvoirs publics jugent qu'il y a urgence à familiariser les populations aux nouvelles technologies. De plus en plus d'écoles sont raccordées à Internet. Reste la fracture Nord-Sud entre nations riches et nations pauvres. Bien des pays, notamment ceux d'Afrique noire, sont encore complètement étrangers au phénomène. Il reste beaucoup de chemin à parcourir afin que les laissés-pour-compte de l'informatique ne deviennent pas les analphabètes de demain…

Contre le Net
L'essayiste Paul Virilio met en garde contre les effets pervers des nouvelles technologies. Selon lui, la mondialisation et le temps réel sont des leurres, il n'y a qu'une virtualisation. De même que l'invention du train et celle de l'avion ont conduit au déraillement et au crash, la globalisation mènera à un « accident général ».

Le futur aujourd'hui

Obtenir, d'un simple clic, une information multimédia sera sous peu aussi naturel que de décrocher son téléphone. Du moins pour les nouvelles générations. Bientôt, Internet ne sera plus un univers à part mais une donnée pleine et entière de notre environnement technique. Il s'impose, de tous côtés, dans notre vie quotidienne, professionnelle et privée. Certains renseignements contenus dans cet ouvrage, par exemple, ont été recueillis directement sur le Web* ou bien par des échanges de courriers électroniques* avec des spécialistes aux quatre coins du monde. De nouveaux terminaux nous permettent d'aller et venir tout en demeurant en permanence en contact avec nos sources d'information. De petits appareils viennent remplacer nos lourds dossiers, voire une partie de notre mémoire. Le futur est déjà là, comme dit une maxime répandue sur Internet, reste à le rendre accessible à tous…

De nouvelles dimensions bousculent nos habitudes : immédiateté et mondialisation. Internet suscite autant d'espoirs que de craintes.

Le piratage

Les pirates informatiques rôdent ! Hantise du cyberespace*, ils alimentent aussi la légende.

Hackers et *crackers*

Réseau ouvert, Internet est un fantastique terrain d'action pour les pirates informatiques. On distingue les *hackers*, simples « bidouilleurs » de talent sans réel danger, des *crackers*, véritables pirates malintentionnés. « Craquer » un système informatique consiste à y pénétrer sans autorisation en passant outre les mots de passe. Le plus célèbre *cracker*, l'Américain Kevin Mitnick, a été arrêté en février 1995 après avoir forcé moult systèmes civils et militaires à l'aide d'un ordinateur et d'un téléphone portables. En août 1995, le *hacker* français Damien Doligez, 27 ans, membre d'un groupe de *cyberpunks*, est parvenu à décoder un message crypté de la firme Netscape en faisant tourner 112 ordinateurs, 24 heures sur 24, pendant une semaine. Il s'agissait d'un défi lancé par Netscape afin de tester la solidité d'un procédé de cryptage. Il est courant de faire délibérément appel à des bandes de *hackers* pour tester la fiabilité d'un système.

Danger pour l'entreprise

Les pirates représentent un danger pour les entreprises dont les réseaux sont connectés à l'Internet. *Hackers* ou *crackers* peuvent s'introduire dans l'espace informatique d'une société, y semer la pagaille, y introduire un virus ou même y dérober des biens électroniques (des informations confidentielles ou de l'argent dans le cas d'une banque). Une affaire parmi d'autres : en août 1995, six jeunes pirates russes ont été arrêtés après avoir pénétré la Citibank de New York pour y voler plus de dix millions de dollars. L'argent avait été transféré, de manière complètement électronique, sur des comptes dans une dizaine de pays. Pour se prémunir, les entreprises installent de coûteux systèmes électroniques de protection appelés murs pare-feu* (*fire-walls*).

Un risque pour le particulier

Le piratage est un frein au développement du commerce électronique (*voir* pp. 38-39). Le consommateur hésite encore à communiquer sur le réseau son numéro de carte bancaire pour régler des achats effectués sur le Web*. En effet, même si, dans les faits, un numéro a toutes les chances de se perdre dans la masse ou de n'intéresser personne, il peut théoriquement être intercepté par un pirate. Le courrier électronique* n'assure pas non plus de confidentialité : un message peut être intercepté, détourné ou modifié. Pour éviter ces inconvénients, des procédés de cryptage* se mettent en place (*voir* pp. 28-29).

Cyberdélinquance

Des « technobandits » investissent Internet ! Les réseaux informatiques servent notamment au blanchiement d'argent sale. Des fonds provenant de trafics d'armes ou de drogue sont déposés dans de petites banques peu regardantes pour être ensuite acheminés vers d'autres comptes dans le monde. Des cartes de crédit « intelligentes » permettent de charger de l'argent dans des distributeurs et de le reverser à tout possesseur de portefeuille électronique. En 1996, 300 milliards de dollars auraient ainsi circulé illégalement. Les États mettent en place des dispositifs de surveillance et des cyberpolices. Exemple en France : le Service d'enquêtes sur les fraudes aux technologies de l'information (Sefti).

Enchevêtrement d'« allées » et de « boulevards » électroniques, Internet recèle inévitablement des visiteurs malintentionnés. Les États tentent de réagir.

Le cryptage

Indispensable pour protéger des données informatiques, le cryptage pose des problèmes de légalité.

Arme de guerre

Le cryptage (chiffrement) consiste à coder une information afin que seul son destinataire puisse la lire. Son utilisation se heurte à des obstacles techniques et politiques. En effet, grâce au cryptage, un consommateur peut communiquer son numéro de carte bancaire en toute sécurité mais espions ou terroristes peuvent également dialoguer secrètement ! À ce titre, la cryptographie inquiète les États. Quelques pays comme la Russie, l'Irak et… la France considèrent qu'il s'agit d'une arme de guerre. Le cryptage n'est donc pas encore monnaie courante sur Internet. Mais les temps changent…

Tiers de confiance

En France, le cryptage des informations électroniques a longtemps été soumis à autorisation du draconien Service central de la sécurité des systèmes informatiques (SCSSI) dépendant du Premier ministre. Poussée par les impératifs économiques du commerce électronique (*voir* pp. 38-39), la France a entrepris en 1996 d'adapter sa législation. Le principe retenu est celui des « tiers de confiance » : des organismes agréés choisis pour détenir les « clés de cryptage ». Les banques ou les sociétés de vente par correspondance peuvent ainsi utiliser des systèmes de cryptographie, la justice conservant un droit d'accès aux clés.

PGP

Quel système de cryptage ? Aucun logiciel n'est infaillible à 100 %. Le plus performant actuellement est le programme PGP (*Pretty Good Privacy*/« Assez bonne confidentialité ») de l'Américain Phil Zimmermann. PGP fonctionne selon un système de clés publiques et de clés privées. Il est tellement efficace que son auteur a fait l'objet de poursuites judiciaires pour l'avoir diffusé sur le réseau. Les États-Unis, en effet, ne souhaitant pas voir d'autres pays se doter de systèmes trop performants contre l'espionnage, interdisent l'exportation de ces produits. Les poursuites ont toutefois été abandonnées. Son logiciel se répand. Il permet des échanges confidentiels et authentifiés sur Internet.

Modem crypteur

Les sociétés françaises Com 1 et GemPlus, spécialistes respectivement des modems* et des cartes à puce, ont mis au point un modem-crypteur. Baptisé *Smart Card Security System*, cet appareil se branche sur l'ordinateur et autorise le paiement par carte bancaire en toute sécurité. Internet devient ainsi aussi sûr que le Minitel pour les transactions financières.

Le logiciel PGP

Chaque utilisateur dispose d'une clé publique et d'une clé privée. Si A souhaite envoyer un message confidentiel à B, il code le texte avec la clé publique de B (disponible dans des annuaires). Seul B peut lire ce message en le décodant avec sa clé privée. Ce système permet aussi à un expéditeur de certifier qu'un message est bien de lui.

Considéré comme un droit par les individus mais comme un danger pour les États, le cryptage s'impose difficilement sur Internet.

Mondialisation et légalité

Internet, système planétaire, bouscule-t-il le droit, notamment en matière de droits d'auteur ?

Partout à la fois

Internet ne connaît pas de frontières. Ce qui se passe dans un coin du globe prend immédiatement une existence planétaire dans le cyberespace*. Avec le virtuel, l'information est partout à la fois. Le World Wide Web* permet de visiter aussi bien le site du Vatican ou du ministère de la Culture que celui de *Playboy* ou de l'Église de scientologie. Cette mondialisation pose évidemment des problèmes de droit. Un site jugé illicite dans un pays ne l'est pas forcément dans un autre. Par exemple, le révisionnisme est farouchement combattu en France mais pas aux États-Unis. Le *netsurfer** ignore ces particularités propres au « monde réel ».

Reproduction

La copie a toujours été à la fois la force et la faiblesse de l'informatique. Rien de plus facile que de doubler un produit numérique* constitué de 0 et de 1. La reproduction est absolument identique à l'original et il est possible d'en fabriquer autant que l'on souhaite. Aucun système de protection logicielle n'est efficace à 100 %. Dès qu'il est introduit sur le réseau, un document peut donc être dupliqué et diffusé à l'infini. Il est irrécupérable.

La révolution numérique

L'ordinateur ne comprend qu'un seul langage : celui du numérique. Lorsqu'on tape sur un clavier d'ordinateur, la machine reconnaît un A ou un Z car à chaque lettre correspond un code composé d'une multitude de 0 et de 1 (0 = un interrupteur ouvert : le courant électrique ne passe pas ; 1 = interrupteur fermé : le courant passe). Tout document informatique est constitué, à l'insu de l'utilisateur, de millions de 0 et de 1. De plus en plus d'appareils fonctionnent aujourd'hui grâce à la technologie numérique car cela permet un pilotage par microprocesseur : lecteur de disque laser, de vidéodisque, téléphone, machine à laver, etc.

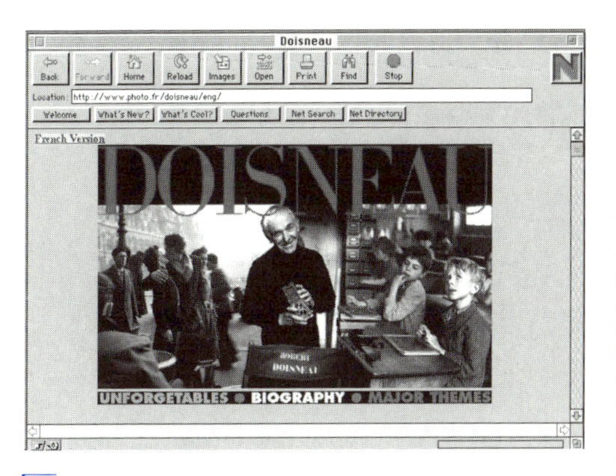

Droits d'auteur

La mondialisation bouleverse la donne juridique en matière de droits d'auteur. Un tableau de Cézanne ou une photo de Robert Doisneau sur le Web peuvent être reproduits, modifiés, diffusés sans aucun contrôle. Qu'en est-il alors des droits d'auteur ? Les juristes y perdent un peu leur latin. Le Web est-il un simple outil informatique ou un média de masse à part entière ? Le CSA (Conseil supérieur de l'audiovisuel) est-il compétent ? C'est le flou artistique. Parmi les techniques de prévention : le marquage numérique* des œuvres.

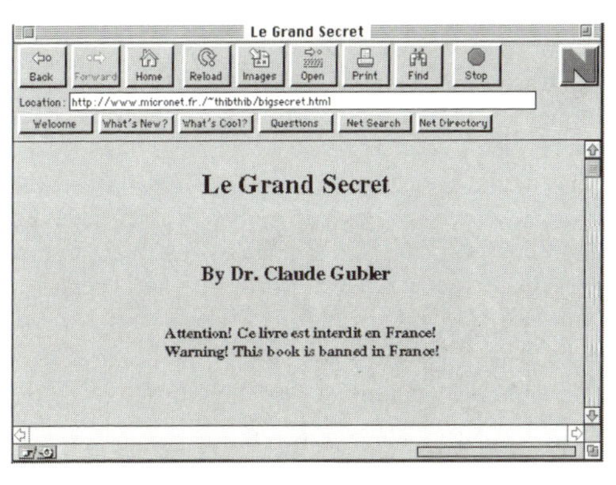

L'affaire Gubler

Premier incident grandeur nature. En janvier 1996, un cybercafé de Besançon met sur le Web le livre du docteur Gubler sur la maladie de François Mitterrand. L'ouvrage est immédiatement récupéré et diffusé par d'autres serveurs situés notamment à l'étranger. Au regard du droit français, le problème est double : publication d'un ouvrage interdit et délit de contrefaçon. Il n'y a pas de vide juridique. La loi existe mais elle a du mal à être appliquée.

Internet n'est pas hors du droit mais le droit s'y applique difficilement.

L'Internet classé « X »

Pornographie, pédophilie, prostitution... Internet serait-il un haut lieu de débauche ?

Réseau rose

C'est une image qui lui colle à la peau : Internet serait un dangereux média pornographique. De récentes affaires ont suscité des craintes légitimes, notamment de la part des parents. N'exagérons rien. Certes, le Net est un immense espace débridé et, à ce titre, génère son lot de ressources sexuelles plus ou moins déviantes. Mais le risque de tomber « par hasard » sur un site érotique en faisant du *netsurfing** est infime. Il en va de même pour les serveurs xénophobes, révisionnistes ou émanant de sectes ou d'organisations terroristes. Il faut longuement chercher ces serveurs, si l'on ne dispose par de leurs adresses (URL*), pour pouvoir s'y connecter.

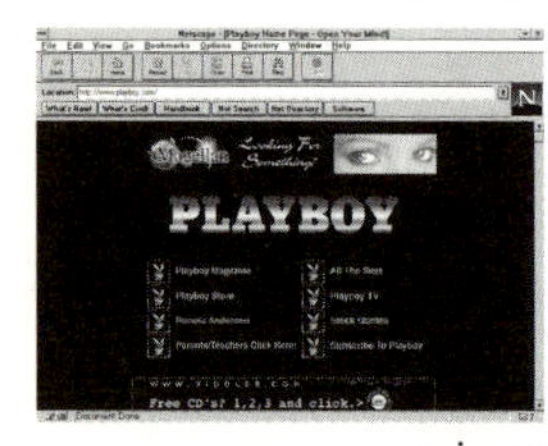

alt.sex

Outre certains sites Web* (*Penthouse, Playboy*, vente de vidéos ou d'objets érotiques, visioconférence coquine), quelques « listes de diffusion » (*voir* pp. 10-11) et fichiers FTP*, les principaux accusés sont les fameux *newsgroups**. Ces forums sont issus de l'histoire d'Internet, lorsque l'espace cybernétique naissant apparaissait comme une zone d'expression entièrement libre ouverte aux minorités les plus diverses sur des sujets alternatifs (alt.). Comme peuvent l'être une rue ou un parc mal fréquentés, les *newsgroups* sont parfois des lieux de rencontres, voire de racolage. Les noms de certains d'entre eux en disent long : *alt.sex.stories, alt.sex.bestiality, alt.sex.bondage*, etc. Certains recèlent des séries de chiffres mystérieux, ce sont en fait des images codées en binaire qu'un logiciel approprié permet de décoder. Toutefois, l'ensemble de cette production ne représente qu'une faible proportion de la masse des informations qui circulent sur le réseau mondial. Ces sites érotiques sont moins voyants dans le cyberespace* que bien des titres à la devanture des kiosques à journaux.

Fournisseurs d'accès

Les *providers**, qui offrent l'accès aux particuliers, apparaissent comme les intermédiaires entre la nébuleuse du réseau et le public. Ce sont eux qui sélectionnent l'accès aux forums de discussion et hébergent certaines pages Web*. Ils se retrouvent dans le collimateur des pouvoirs publics. En Allemagne, en 1995, *CompuServe* a été sommé par la justice de fermer l'accès à 200 forums pédophiles, zoophiles et néo-nazis. En France, en 1996, neuf fournisseurs d'accès ont été poursuivis par l'Union des étudiants juifs de France parce qu'ils donnaient accès à des forums négationnistes (propagande interdite en France par la loi Gayssot). La même année, deux fournisseurs, Worldnet et Francenet, ont été mis en examen pour diffusion d'images pédophiles. Une première mondiale ! Que faire ? Techniquement, les *providers* peuvent bloquer l'accès aux sites présentant un danger moral à condition que ceux-ci soient clairement identifiés (*alt.sex.pedophilia*, par exemple). Mais des messages obscènes peuvent se glisser n'importe où. Comment contrôler des milliers de forums et des dizaines de milliers de messages quotidiens ? Sur quels critères exactement sélectionner ces serveurs ? De plus, coupure d'accès ne signifie pas suppression des sites. Les prestataires sont-ils responsables du contenu qu'ils diffusent ? Aux débuts du Minitel, France Télécom avait été montrée du doigt à cause des messageries roses.

Cyber-contrôle

Des procédés techniques de filtrage existent. La nouvelle norme PICS (*Platform for Internet Content Selection*/« Plate-forme pour une sélection du contenu d'Internet ») permet de faire le tri entre « bons » et « mauvais » serveurs. Elle oblige les sites Web à déclarer préalablement leurs contenus. Les plus licencieux sont alors marqués d'une sorte de carré blanc électronique détectable par les logiciels de navigation. Les parents peuvent ainsi interdire à leurs enfants l'accès à certains serveurs en établissant même des seuils de vulgarité ou de nudité.

Gratuit ou payant ?

Comme tout ce qui se trouve sur Internet, les services « roses » sont pour la plupart gratuits. Les *newsgroups* ou les canaux IRC* sont ouverts à tous, il n'existe pas de péage. Les informations et les images qui s'y trouvent peuvent être déposées par n'importe qui. Seuls quelques sites Web, comme *Play-boy*, proposent certains documents payants.

Internet, double numérique de la société, recèle le pire comme le meilleur. Les logiciels de navigation permettent désormais de filtrer les informations.

Réglementation et censure

L'ouverture d'Internet au grand public soulève des problèmes de décence. Et la frontière est mince entre réglementation et censure.

Communication

Internet n'est pas un média unidirectionnel comme la télévision. C'est une sorte de gigantesque conversation mondiale où chacun est à la fois consommateur mais aussi producteur d'informations à travers les messages qu'il émet.
Un texte déposé dans un *newsgroup** peut, potentiellement, toucher autant de monde qu'un grand journal télévisé ! Internet suscite les mêmes craintes que le téléphone et l'imprimerie à leurs débuts, deux systèmes de communication offrant soudain une telle liberté aux individus qu'ils avaient failli être interdits avant d'être sévèrement réglementés.

Blue Ribbon
L'adoption, en février 1996 aux États-Unis, du _Communication decency act_ a déclenché une vague de protestations sans précédent sur Internet. Des centaines de sites Web ont affiché, en signe de « deuil », un écran noir orné d'un ruban bleu (_Blue Ribbon_), symbole traditionnel du civisme. L'un des gourous de l'Internet, John Perry Barlow, a publié au même moment une Déclaration d'indépendance de l'espace cybernétique dans laquelle il fustige les responsables politiques.

Censure

Un ordinateur connecté au réseau mondial est un incontestable outil de pouvoir. Il permet d'accéder à une masse d'informations et donne le sentiment, fondé ou non, de pouvoir se faire entendre d'un très grand nombre de personnes. L'arrivée du grand public, et par là même de l'État, dans cet univers préservé, a rempli d'effroi de nombreux internautes* de la première heure. Toute intervention, toute tentative de régulation est perçue comme une intolérable atteinte à la liberté d'expression et une odieuse entreprise de censure. Certains stigmatisent l'incompréhension des responsables politiques qui, dans leur majorité, ne pratiquent pas Internet. Mais les règles d'entente cordiale qui prévalent pour une petite communauté peuvent-elles supporter l'arrivée en masse d'individus ? Avec la démocratisation d'Internet semble venir le temps de la réglementation.

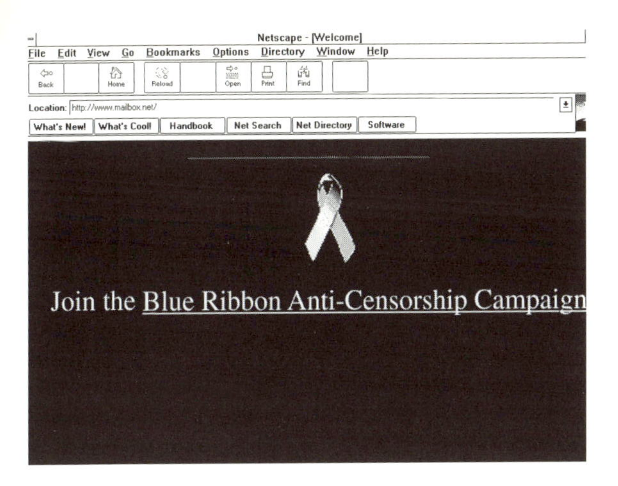

Un droit Internet ?

Décence, contrefaçon, droits d'auteur… Faut-il de nouvelles lois pour Internet ? Chaque pays tente de définir un nouveau « droit Internet ». Non sans difficultés. Les États-Unis ont adopté en février 1996 la loi *Communication decency act* qui interdit, de manière vague, la diffusion de textes, d'images ou de sons pouvant heurter les enfants. Mais ce texte jugé inconstitutionnel par certains tribunaux a plongé les juristes américains dans un abîme de perplexité. En Allemagne, une nouvelle loi prévoit que les fournisseurs d'accès* soient responsables mais sans obligation de contrôler eux-mêmes toutes les pages. En France, après une tentative infructueuse de confier la règlementation d'Internet au Comité supérieur de la télématique (CST), le gouvernement a demandé aux professionnels de tenter de s'entendre. En mars 1997, la Commission Beaussant a proposé une « Charte de l'Internet » prévoyant notamment l'instauration d'un « Conseil de l'Internet » mais cette proposition n'a pas fait l'unanimité. Rien n'était réglé et les discussions se poursuivaient encore à la mi-1997. La France a également engagé une initiative au niveau européen en soumettant à Bruxelles l'élaboration d'une règlementation internationale selon laquelle le pays hébergeant un serveur délictueux serait tenu d'intervenir, les pays de réception intervenant à défaut pour en interdire l'accès.

« Internet est une chance pour nos sociétés mais nous ne devons pas pour autant laisser se développer un "Far West numérique". »
François Fillon (ministre de la Communication, avril 1996)

La réglementation d'Internet est l'un des enjeux de son développement. L'intervention de l'État, garant de la morale publique, est mal perçue par les acteurs traditionnels du réseau.

Internet et l'entreprise

Nouvel outil de communication, Internet s'impose comme un instrument incontournable du monde des affaires.

Vitrine virtuelle

Avoir un site sur le World Wide Web* paraît aujourd'hui indispensable pour une entreprise qui souhaite se faire connaître. Ouvrir une vitrine virtuelle sur le réseau mondial est plus simple que de monter un serveur Minitel. Certaines sociétés disposent de leurs propres installations informatiques, d'autres louent de l'espace chez un *provider** comme un utilisateur privé (toutefois, l'hébergement de pages commerciales coûte en général plus cher) ou font appel à des cabinets spécialisés. À l'arrivée, la petite PME dispose d'une vitrine mondiale au même titre que la grosse multinationale. Internet est un monde égalitaire. Mais « être sur le Net », pour quoi faire ?

Commerce électronique

De nombreuses entreprises s'affichent sur le Web pour marquer leur modernité. C'est une question d'image de marque. Le « look » des pages multimédias reflète en général l'esprit de la société. C'est une manière de diffuser des informations… à condition que le site soit visité ! Une vitrine virtuelle peut rester aussi isolée dans le cyberespace* qu'une modeste échoppe dans une ruelle mal éclairée. Pour les entreprises à vocation marchande, Internet est surtout la voie royale menant aux monts et merveilles du commerce électronique (*voir* pp. 38-39). Le réseau des réseaux représente un marché potentiel de plusieurs dizaines de millions de clients dans le monde entier ! Mais il induit aussi un type nouveau de relations commerciales. Les informations sont en général diffusées sans « ciblage » de la clientèle. Le courrier électronique* assure un retour rapide, l'adresse *e-mail* pouvant figurer sur la page Web, il suffit au « consommateur » de cliquer pour envoyer un message. Les entreprises françaises sont-elles prêtes à faire face ?

Les Intranets sont protégés par des murs pare-feu.

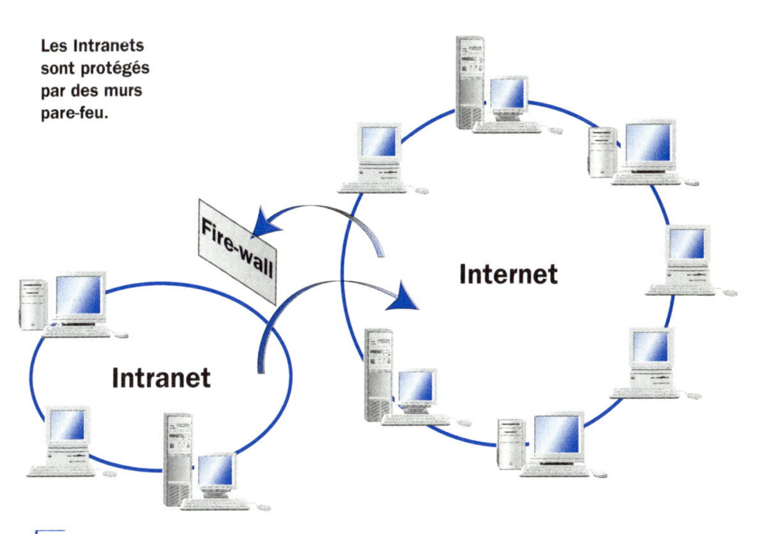

Intranet

Un nouvel Internet a vu le jour : l'Intranet. C'est l'utilisation de la technologie Internet au niveau de l'entreprise. Il s'agit d'un réseau interne semblable à l'Internet mondial mais cantonné aux frontières d'une société. Les Intranets s'imposent au détriment – ou en complément – des réseaux locaux d'architecture traditionnelle. Les avantages sont multiples. Le protocole TCP/IP* permet de faire communiquer des systèmes informatiques incompatibles au sein d'une même société. Les entreprises qui ne peuvent s'offrir un réseau de communication international disposent, avec l'Intranet, d'un excellent outil pour communiquer avec leurs filiales à l'étranger. Le Web peut servir à mettre un document en consultation plutôt que de l'expédier à des dizaines de destinataires tout en assurant une mise à jour aisée. Un Intranet est en général connecté à l'Internet mondial. Toutefois, pour être fiable, il doit demeurer à l'abri des regards extérieurs et notamment des *hackers**. Il faut donc édifier des protections matérielles et logicielles : les murs pare-feu* (*fire-walls*).

Dans le « village global » que constitue Internet, la notion de mondialisation de l'économie prend tout son sens.

Le commerce électronique

Les transactions commerciales par voie électronique sont appelées à connaître un formidable essor. Mais le marché tarde à décoller.

Business digital

Le commerce électronique consiste à acheter et vendre en ligne* soit des services directement consommables à l'écran (informations), soit des prestations ou des biens livrables à domicile. La chaîne de restauration rapide Pizza Hut, aux États-Unis, fut l'une des premières structures à proposer du téléachat* sur le Net. Le film *Traque sur Internet* d'Irwin Winkler (É.-U., 1995) montre comment l'héroïne choisit une pizza sur écran et la commande sans quitter son clavier. Il est également possible d'acheter des fleurs, des livres ou même de la lingerie par Internet. En France, les entreprises traditionnelles de vente par correspondance, Les Trois Suisses et La Redoute, ont été logiquement les premières à se précipiter sur ce nouveau média interactif. De nombreuses sociétés ont ouvert des serveurs Web (Paribas, Relais & Châteaux, Club Méditerranée, Fnac, Camif, etc.). Certaines se contentent de présenter leurs services ou leurs produits, d'autres enregistrent par ce biais réservations et commandes.

Argent électronique

Comment régler un téléachat ? Le moyen le plus simple consiste à communiquer son numéro de carte bancaire comme cela se fait par téléphone ou par Minitel. Mais Internet est un réseau globalement non sécurisé où traînent des millions d'yeux indiscrets. En l'absence de cryptage*, il existe donc un risque théorique de piratage (*voir* pp. 26-27) mieux vaut alors communiquer ses coordonnées bancaires par voie classique (Minitel, fax, téléphone) ou payer à réception de la commande. Cependant, des systèmes de sécurisation se mettent en place comme le SET (*Secure Electronic Transaction*) élaboré par Microsoft en accord avec Visa, Mastercard et American Express. Pour le règlement de petites sommes (quelques francs ou quelques centimes pour un article du *Monde*, par exemple), on peut aussi avoir recours à de l'« argent virtuel ». L'utilisateur achète un porte-monnaie électronique garni d'une certaine somme et paye ensuite ses achats avec cette cyber-monnaie. Différents standards d'argent électronique existent : Digicash (hollandais) ou Globe ID (français).

La galerie marchande électronique Globe Online utilisant la technologie Globe ID, l'un des systèmes d'argent électronique.

Un nouvel eldorado

Le commerce est permis sur Internet depuis l'ouverture du réseau aux organismes commerciaux en 1994. Les experts prévoient qu'en l'an 2000 il générera 250 à 350 milliards de francs de chiffre d'affaires au niveau mondial. Pour l'instant, le commerce en ligne piétine. Il n'aurait produit « que » 100 à 175 millions de francs de recettes en 1995. Restent, en effet, plusieurs écueils : le sous-équipement en micro-ordinateurs de la plupart des pays, le trop faible débit des lignes et modems qui limite les possibilités d'affichage (vidéo notamment), et la sécurisation encore balbutiante des transactions financières. Il faut être patient et courageux pour faire ses courses sur Internet aujourd'hui.

Le commerce électronique n'en est qu'à ses balbutiements. Il se développe grâce au cryptage et à l'argent électronique.

Pub électronique

De nombreux sites Web (surtout américains) affichent des bandeaux ou même de petites séquences vidéo publicitaires. Il suffit de cliquer sur ces encadrés pour accéder au serveur commercial de la marque afin d'en savoir plus. Mais ces bandeaux agacent parfois les *netsurfers** car ils ralentissent l'affichage des pages sur les ordinateurs les moins puissants.

Les nababs de l'Internet

Ils sont les coqueluches de Wall Street, le Net est leur eldorado : ce sont les éditeurs de logiciels et fournisseurs de nouveaux services sur Internet.

Netscape

À 24 ans, l'Américain Marc Andreesen a propulsé la société Netscape au firmament de l'industrie de l'Internet en inventant le plus célèbre logiciel de navigation sur le Web* (*browser**), Netscape Navigator, qui équipe 70 % des ordinateurs connectés. Au jour de son introduction en Bourse, le 9 août 1995, l'action Netscape mise en vente à 13 dollars s'est envolée jusqu'à 75 dollars ! Une réussite due à un fabuleux « coup marketing » : conformément à l'usage qui vise à faire tester les programmes par les utilisateurs, Navigator a d'abord été diffusé gratuitement sur le réseau à partir de 1994 puis, une fois que tout le monde s'y est habitué, les nouvelles versions sont devenues payantes… Microsoft contre-attaque, à coups d'alliances tous azimuts, pour imposer son produit Internet Explorer. D'autres suivent comme QuarterDeck avec Internet Suite. L'industrie informatique dans son ensemble mise aujourd'hui à fond sur Internet. Le marché naissant de l'Intranet* (*voir* pp. 36-37) représente également une mine d'or pour ces éditeurs de logiciels.

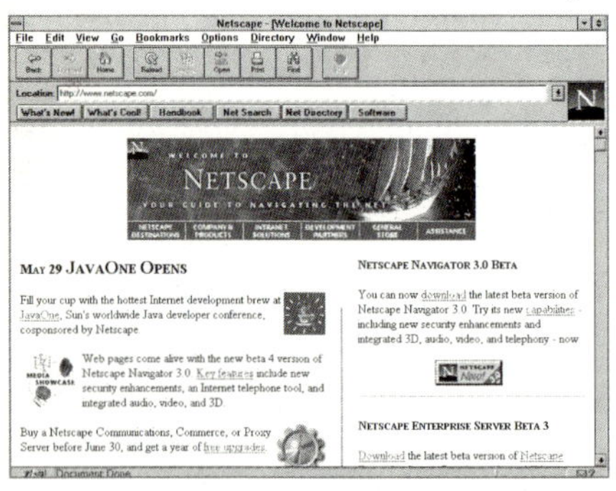

Yahoo !

C'est l'industrie informatique traditionnelle qui se taille la part du lion sur Internet, mais on voit également se développer des secteurs jusque-là inexistants. Yahoo !, moteur de recherche* en ligne*, a lui aussi fait une entrée fracassante en Bourse le 12 avril 1996. L'action a doublé dès sa

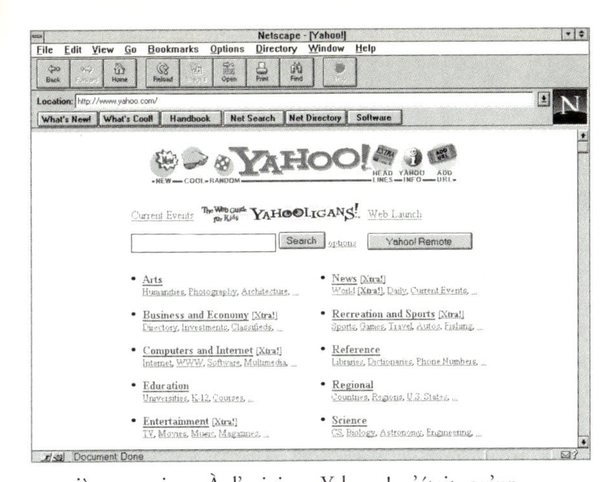

première cotation. À l'origine, Yahoo ! n'était qu'un service Web parmi d'autres monté par deux étudiants de Standford. Mais Wall Street, depuis 1994, s'est prise de folie pour les petits génies du Net.

En France

La France n'affiche pas de réussites spectaculaires à l'américaine. Elle souffre d'un retard évident et fait preuve de frilosité, mais dispose néanmoins d'atouts en matière de création multimédia et de services en ligne (voir « Essentiel Milan » *Le Multimédia*). Une certaine effervescence commence à animer le marché. Les premiers à se lancer dans l'aventure, en 1995-1996, ont été les fournisseurs d'accès* grand public, suivis par les créateurs/hébergeurs de serveurs Web. Yahoo ! fait également des émules (Lokace, Balby).

S'unir pour tenir

Illustration du phénomène multimédia, on assiste à des alliances et à des prises de participations croisées entre les grands de l'informatique (matériel, logiciel) et de la communication (téléphone, télévision, presse, cinéma). Chacun veut sa place au soleil du numérique*. Il est vrai que l'on fera bientôt passer des films et quantité d'autres produits dans ces tuyaux qui maillent la planète, il faudra donc de nouvelles infrastructures, de nouveaux logiciels et… du contenu. Tout reste à faire sur Internet et sur les autoroutes de l'information (*voir* pp. 50-51).

Bill Gates (Microsoft), maître incontesté du hors ligne, fera-t-il aussi bien sur le en ligne ?

50 milliards ? 100 milliards de dollars ? Plus encore ? Les spéculations vont bon train sur ce que pourrait rapporter Internet dans les années 2000.

Internet contre serveurs en ligne

Le réseau mondial se développe. Les « réseaux propriétaires » aussi. Incompatibilité ou complémentarité ?

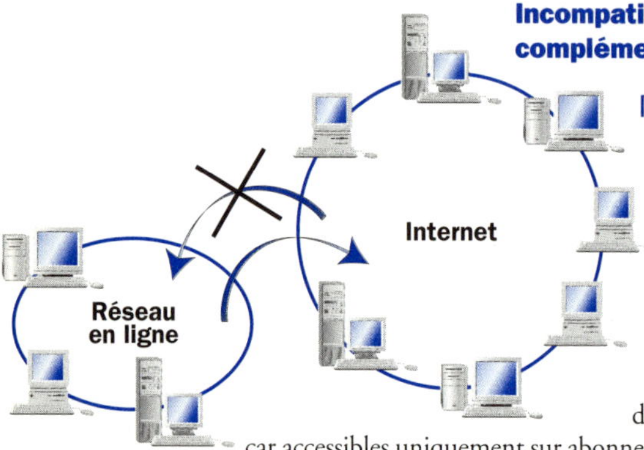

Internet

Réseau en ligne

Les abonnés d'un réseau en ligne peuvent aller sur Internet. L'inverse n'est pas possible.

Services *on line*

Sortes de « petits Internet », les serveurs en ligne sont des réseaux informatiques commerciaux dits « propriétaires » car accessibles uniquement sur abonnement (par opposition, Internet est un réseau *free-access*/« libre accès »). Les serveurs en ligne* proposent des bouquets de services comprenant informations, météo, téléachat*, jeux, etc. Ils offrent également une passerelle vers Internet. Les services propriétaires en ligne se sont surtout développés aux États-Unis (America OnLine, CompuServe, Prodigy, Microsoft Network) où ils comptent environ dix millions d'abonnés. C'est la version américaine du Minitel.

Ruée vers l'or numérique

Le boom du multimédia, en 1995-1996, a suscité une grosse activité sur le marché du service en ligne : création de Microsoft Network, de Europe OnLine (Burda), lancement du premier serveur français Infonie (Infogrames) puis de Wanadoo (France Télécom/Havas), projet de France en Ligne (Bellanger/Filipacchi), arrivée en France d'AOL (America OnLine/Bertelsmann). Chacun espère décrocher sa part du gâteau numérique*. Mais tout n'est pas rose dans le monde du *on line.* Au cours de cette même période : General Electric cède son réseau Genie, Apple se débarrasse de e-World et même Microsoft réoriente vers Internet son réseau MSN qui paraissait pourtant promis à un bel avenir en solo. Des incertitudes demeurent quant au succès des services en ligne propriétaires. Le responsable ? Internet.

L'ogre Internet

Les opérateurs en ligne sont victimes de la concurrence des *providers** offrant, pour un peu moins cher, un accès simple à Internet. Le consommateur ne voit pas l'intérêt de payer pour un bouquet de programmes alors qu'il peut trouver quasiment de tout sur Internet. De plus, exemple d'inconvénient des bouquets propriétaires, un utilisateur abonné au réseau A proposant les services d'une banque X ne peut pas accéder à la banque Y hébergée chez B à moins de souscrire un deuxième abonnement. Mais les services en ligne offrent également bien des avantages : ils proposent certaines prestations introuvables sur Internet (articles complets de *l'Express* ou de l'AFP, par exemple), ils assurent une offre cohérente, sécurisée et conviviale. Les opérateurs comptent sur cette plus-value pour marquer leur différence. Face au fouillis d'Internet où la navigation n'est pas toujours aisée, un système organisé et bien balisé peut effectivement séduire le consommateur.

Confusion des genres

On assiste à un phénomène de rapprochement : les simples fournisseurs d'accès enrichissent leurs offres avec des prestations supplémentaires et les réseaux propriétaires proposent certains services en libre accès sur le Web*. Par exemple, Club Internet, *provider*, a développé un service éducatif pour enfants, ID-Clic, accessible uniquement sur abonnement. De leur côté, Wanadoo ou MSN, serveurs en ligne, offrent certaines prestations en libre accès *via* Internet. L'américain CompuServe a annoncé récemment un revirement complet de stratégie : le transfert progressif de l'ensemble de ses services sur le monde ouvert de World Wide Web.

Les réseaux en ligne traditionnels sont en concurrence avec le tout-puissant Internet.

Toujours plus ! Téléphone et visioconférence

Téléphoner à l'autre bout du monde pour le prix d'une communication locale grâce à Internet ! Ce phénomène longtemps marginal se développe. La visioconférence aussi.

Expérimental

Internet transporte des données informatiques, il peut donc transporter de la voix pourvu qu'elle soit codée en numérique*. Des logiciels comme Internet Phone de la société israélienne Vocaltec ou Web Talk de Quarterdeck permettent de dialoguer par ordinateurs interposés. Il suffit de disposer d'un micro et de haut-parleurs ou d'un casque. La qualité sonore est cependant médiocre. Il s'agit plus d'un dérivé de l'IRC* que véritablement de téléphonie. L'échange se fait en *half*, c'est-à-dire chacun son tour comme sur la CB, ou bien en *full*, comme au téléphone, mais alors la qualité est encore moins satisfaisante.
De nouvelles versions de ces logiciels doivent permettre d'appeler un correspondant dépourvu d'ordinateur sur son véritable téléphone. Comme d'habitude, l'utilisateur ne paye que la communication locale entre chez lui et son *provider** (fournisseur d'accès*).

Le débit, point faible d'Internet

Comme l'eau qui coule du robinet, la quantité et la vitesse des informations qui circulent sur Internet dépendent de la taille des « tuyaux ». Le débit se mesure en bits par seconde (bps). Les applications d'Internet, de plus en plus gourmandes, nécessitent des tuyaux de plus en plus gros. On a recours également à des procédés de compression de données.

Marginal

Faire de la phonie sur Internet est encore mal vu par la communauté internaute*. En effet, cela monopolise d'importantes ressources et embouteille le réseau (sur Internet, les capacités de débit sont partagées entre tous les usagers). Ainsi, un utilisateur qui téléphone nuit au confort des autres.
Mais les techniques et les capacités de débits ne cessent de s'améliorer et le « Net-phone » se développe. Un phénomène qui inquiète les opérateurs de télécommu-

nications traditionnelles. Quoi qu'il en soit, les logiciels de téléphonie sont librement distribués. Certains fournisseurs d'accès en proposent même dans leurs kits de connexion.

Visioconférence

S'il peut transporter du son, Internet peut tout naturellement transporter de l'image. Grâce à de petites caméras conçues pour l'informatique, la « visio » se pratique depuis longtemps de manière artisanale sur le réseau des réseaux (CU-SeeMe, *voir* pp. 10-11). Elle s'améliore et se développe. Microsoft et Intel mettent au point des procédés communs.
Les logiciels de visioconférence permettent de dialoguer, à deux ou à plusieurs, chacun apparaissant dans une fenêtre sur l'écran. Ces systèmes se heurtent pour l'instant, comme pour le son, à des problèmes de bande passante*.

Internet, en perpétuel développement, offre de nouveaux services inattendus comme la communication par le son et l'image.

De nouveaux terminaux : le NC, l'Internet mobile

Il n'y a pas que les gros ordinateurs de bureau qui permettent d'accéder à Internet. D'autres systèmes voient le jour.

Internet mobile

Internet au café ou en voiture grâce à un ordinateur portable ? C'est possible avec un téléphone mobile. Le débit des téléphones mobiles (9 600 bps*) est toutefois encore trop faible pour envisager la consultation de pages Web*. Mais l'accès au courrier électronique* est permis. Encore plus fort : le finlandais Nokia invente le téléphone mobile qui s'ouvre dans le sens de la longueur pour se transformer en un petit ordinateur (agenda, traitement de texte, accès Internet, réception de fax sur écran). Il est également possible de recevoir des messages *e-mail** sur l'afficheur d'un téléphone mobile classique (Motorola) ou sur « messageurs », ces petits récepteurs qui s'accrochent à la ceinture (Kobby Wan). Enfin, dernière trouvaille : les pages Web ou le courrier électronique lus par une voix synthétique au téléphone (Web on call) !

L'ordinateur à 2 500 F

Tous les utilisateurs n'ont pas forcément besoin d'un ordinateur puissant (et cher !) bourré de logiciels pour leur travail quotidien. Surtout si leur souci principal est de se connecter sur Internet. C'est à partir de ce constat

que Larry Ellison, P.-D.G. d'Oracle, numéro un mondial des logiciels de bases de données, a eu l'idée de concevoir une machine légère, bon marché, dépourvue de disque dur, destinée uniquement au réseau des réseaux. Le NC (*Network Computer*/« Ordinateur de réseau »), plus qu'une marque, est un concept : quasiment pas de logiciels en mémoire, tout sur le Net. Une sorte de Minitel Internet. Son prix ? Autour de 2 500 francs. De quoi faire pâlir les possesseurs de grosses machines coûteuses. L'utilisateur pourra charger par Internet (contre paiement !) des modules de programmes (traitements de texte, tableurs, etc.) en fonction de ses besoins. Mais comment lire des CD-Rom ou utiliser les gros logiciels qui peuplent encore le marché aujourd'hui ?

NC contre PC

Le NC est une pierre dans le jardin du tout-puissant Bill Gates, patron de Microsoft, et de tous les acteurs du monde PC (*Personal Computer*). Le NC « idiot » et simple va-t-il remplacer le PC surpuissant et compliqué ? L'idée est jugée suffisamment sérieuse par de nombreux industriels (y compris Microsoft !) pour que ceux-ci se lancent dans la fabrication de NC. Le concept se décline : NC de bureau, NC sans écran à brancher sur la télévision, NC portable avec ou sans téléphone intégré. Le NC pourrait devenir demain un moyen simple et efficace d'accéder à Internet. Parallèlement, le monde du PC traditionnel réagit et Bill Gates de Microsoft présente le SIPC (*Simply Interactive PC*), l'ordinateur à tout faire, simple à utiliser et opérationnel dès la mise sous tension. La question du terminal est importante car elle conditionne l'ouverture d'Internet au grand public.

Quel terminal pour le grand public ? Les industriels rivalisent d'imagination pour tenter d'inventer le terminal Internet de demain.

L'avenir d'Internet

Internet se transforme sur plusieurs fronts : infrastructures, techniques de transmissions, applications et... usages.

La 5e conférence internationale du World Wide Web s'est tenue à Paris en mai 1996.

Évolution

Internet n'appartient à personne mais différents organismes internationaux veillent à son développement. L'Internet Society, par l'intermédiaire de différents comités, gère notamment l'évolution des protocoles de transmission* et prépare ainsi le futur protocole IP qui permettra de raccorder encore plus d'ordinateurs. Le World Wide Web Consortium, copiloté par l'INRIA (Institut national de la recherche en informatique et automatique) et le MIT (Massachusetts Institute of Technology), veille à maintenir des standards sur le World Wide Web* et à le rendre encore plus performant. L'évolution d'Internet est également liée au déploiement de nouvelles lignes par les grands groupes qui financent aujourd'hui la plupart des réseaux continentaux et transcontinentaux.

Logiciels

Sur le plan des applications (services) d'Internet, ce sont les chercheurs et les industriels qui détiennent les clés de l'avenir. Ces derniers développent et commercialisent les logiciels qui apportent, par petites touches, des fonctionnalités supplémentaires au réseau des réseaux. Deux innovations probablement promises à un grand avenir tant sur Internet que sur le marché des Intranets* :

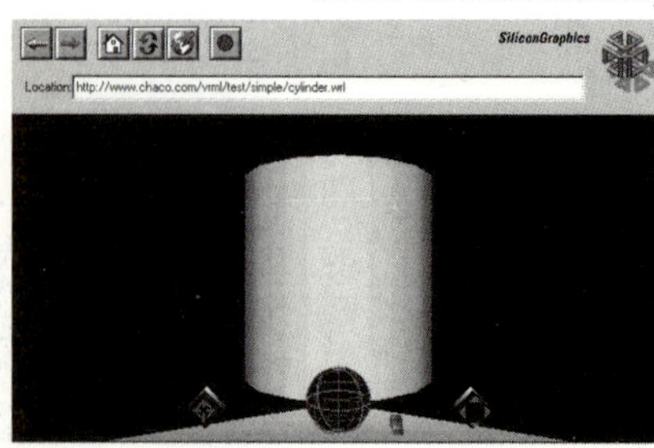

le langage de programmation Java, de Sun Microsystems, qui enrichit le Web en lui apportant notamment l'animation (grâce à des petits programmes appelés *applets* qui se chargent sur l'ordinateur de l'utilisateur) et VRML (*Virtual Reality Modeling Language*), de l'Américain

Mark Pesce, permettant de réaliser des images en trois dimensions. Déjà, l'internaute*, plutôt que de « surfer » sur le Web, peut évoluer « dans » des rues et des galeries virtuelles* en 3D…

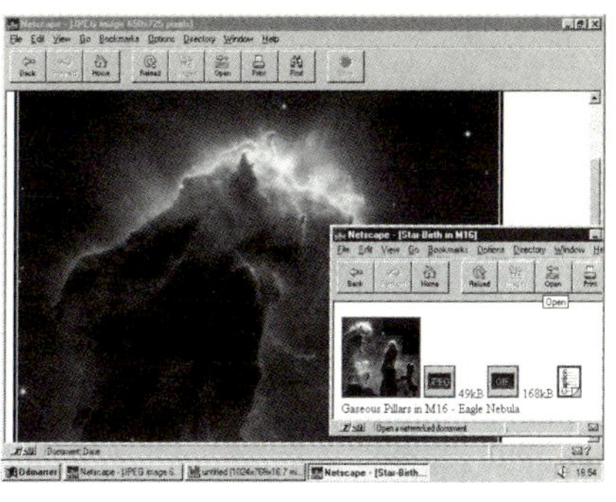

Image du téléscope Hubble.

Agents intelligents

L'avenir d'Internet passe également par le développement de programmes appelés « agents intelligents ». Le principe : l'utilisateur indique à l'ordinateur qu'il souhaite, par exemple, partir en voyage tel jour à telle heure et à tel prix et un « agent intelligent » se charge alors d'explorer le réseau à la recherche d'un billet de train ou d'avion correspondant aux critères demandés. À côté, le système compliqué de réservation de la SNCF par Minitel paraît bien désuet…

Plusieurs vitesses

Internet peut-il devenir un outil de masse ? Trop compliqué, embouteillé, confus… Pour beaucoup, le cyberespace* reste un univers hors de portée. Certains experts plaident pour un réseau à plusieurs vitesses qui serait constitué d'une partie bien balisée destinée au grand public, d'une autre pour les scientifiques, d'une troisième réservée aux affaires et ainsi de suite. Les *providers**, qui font aujourd'hui penser aux radios libres des années quatre-vingt, devront probablement se réorganiser. Déjà, certains jouent la carte du professionnalisme tandis que d'autres demeurent fidèles à l'esprit communautaire du début. Le plus grand nombre sur Internet ? Peut-être. Grâce notamment à des terminaux dédiés à des applications spécifiques. Internet pourrait devenir alors transparent. Nous l'utiliserions sans même nous en rendre compte (qui se soucie des multiples réseaux qui relient déjà les ordinateurs de nos banques ou de nos compagnies d'assurance ?). Ce qui est aujourd'hui un phénomène de mode devrait prendre tranquillement son rang au sein de nos systèmes de communications.

500 millions

Ce sera selon certains le nombre d'utilisateurs d'Internet dans le monde en l'an 2000.

Rien n'arrête l'évolution du réseau mondial. Internet s'impose comme un outil multifonctions de la société de l'information.

Vers les autoroutes de l'information

Internet offre un avant-goût de ce que seront les futures « inforoutes ».

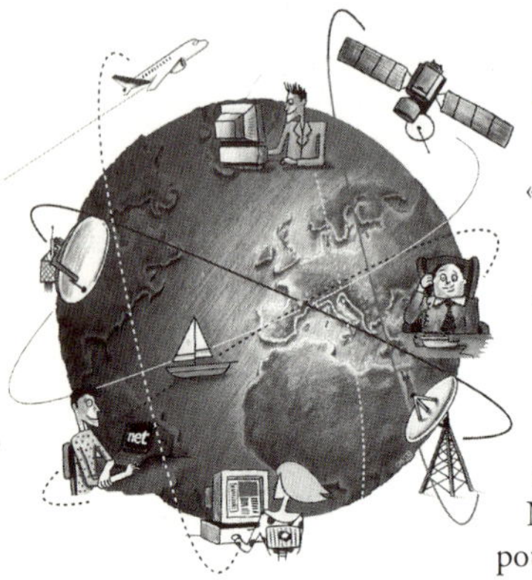

Inforoutes

Les autoroutes de l'information (ou « inforoutes ») sont un terme pour désigner un projet encore flou. Et fou ! L'idée : brancher les habitations, les bureaux, les hôpitaux, les banques, les lieux publics et pourquoi pas les trains, les avions, les voitures, sur des voies électroniques permettant d'échanger de l'information dans tous les sens. Nous nous connecterons sur ces lignes pour envoyer et recevoir du courrier électronique*, des programmes informatiques, jouer, regarder des films, écouter de la musique, visiter des musées « virtuels* », suivre des cours, faire du téléachat*, de la visioconférence, de l'imagerie médicale, voter (!), etc. Certains services seront gratuits, d'autres payants. À terme, ces inforoutes devraient remplacer le téléphone, le Minitel et la télévision tels que nous les connaissons aujourd'hui. La notion d'« autoroutes de l'information » a été présentée pour la première fois en 1993 par le vice-président américain Al Gore, féru de nouvelles technologies. « *Ce système va promouvoir la démocratie et sauver des vies* », s'exclame-t-il dans un vibrant discours !

Haut débit

On parle parfois d'« autoroutes de l'information » pour qualifier Internet. C'est flatteur mais le réseau des réseaux n'offre pas encore tout ce que promet le vice-président Gore. Il n'est pas assez puissant pour cela. Internet, pour l'instant, ce ne sont que des « nationales de l'information ». Il va falloir mettre en place des « tuyaux » haut débit (large bande passante*) et

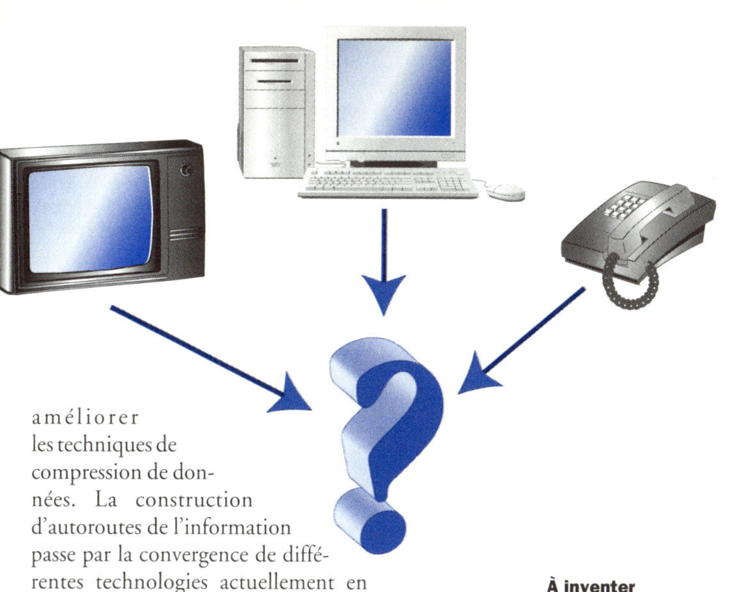

améliorer les techniques de compression de données. La construction d'autoroutes de l'information passe par la convergence de différentes technologies actuellement en plein boom : le DAB (*Digital Audio Broadcasting*), le MMDS (diffusion multiplexée par micro-ondes), la télévision numérique par satellite ou encore l'ATM (*Asynchronous Transfer Mode*) qui permet un débit numérique par câble phénoménal pouvant aller jusqu'à 2 milliards 1/2 de bps* !

À inventer
Quels terminaux pour les autoroutes de l'information : ordinateur, téléphone ou téléviseur ? Probablement un mélange des trois. Des appareils qui restent à inventer.

Une entreprise planétaire

Quand ? Personne n'appuiera un jour sur un bouton en disant : « *Ça y est, ça marche* ». Contrairement à ce qui s'est passé pour le Minitel, tout se met en place petit à petit et de manière un peu anarchique. Il faut dire que les États, seuls, ne peuvent pas tout faire. Les gouvernements se contentent d'encourager l'industrie qui se charge de l'essentiel du financement. En France, une première série de 170 projets pilotes a été retenu. Il s'agit d'expérimentations portant à la fois sur la technique, le contenu et la viabilité économique (communications téléphoniques sur le câble par la Générale des Eaux, télé-enseignement par le ministère de l'Économie, téléachat, vidéo à la demande, etc.). La construction des autoroutes de l'information se heurte à des problèmes juridiques comme le monopole de France Télécom qui prendra fin en 1998.

Les autoroutes de l'information existent déjà ! Internet en est une préfiguration. La France, berceau de la télématique, a sa carte à jouer.

Se connecter

Accéder à Internet est de plus en plus facile et coûte de moins en moins cher.

Accéder au réseau

Les étudiants sont des chanceux : de nombreuses universités à travers le monde disposent de salles informatiques dotées de liaisons permanentes. Tradition oblige. Les employés de certaines entreprises bénéficient également de connexions vers le réseau mondial. Pour découvrir Internet sans se ruiner, les cybercafés* permettent de faire quelques heures de *websurfing** en buvant un verre. Enfin, les particuliers qui souhaitent avoir Internet à la maison doivent être équipés en matériel et s'abonner auprès de fournisseurs d'accès (*voir* liste pp. 54-55). Il existe deux types de fournisseurs d'accès : les *providers** et les serveurs en ligne*.

Providers

Premier péage sur les autoroutes de l'information, les *providers* et les serveurs en ligne sont des détaillants de l'accès au réseau. Il s'agit de sociétés commerciales privées disposant de gros ordinateurs et de lignes permanentes avec Internet. Les simples *providers* se contentent d'ouvrir une porte sur le réseau mondial. Les serveurs, qui disposent de leurs propres réseaux nationaux ou mondiaux, offrent des services en ligne en plus d'un accès Internet (*voir* pp. 42-43).

Téléphone, Numéris ou câble ?

Comment se connecter ? Le moyen le plus simple est d'utiliser une ligne téléphonique classique (RTC/Réseau téléphonique commuté). C'est aussi le moins performant car le RTC assure un débit limité à la puissance des modems*. Le réseau Numéris (RNIS/Réseau numérique à intégration de services) de France Télécom offre un débit bien supérieur pouvant aller jusqu'à 128 000 bps* ! Jusque-là réservé aux entreprises en raison de son coût élevé, Numéris commence à se

Embouteillages

Plus le débit des lignes est élevé et plus l'information circule vite. Plus les pages Web s'affichent alors rapidement et moins l'on paye pour la communication.

démocratiser. Peut-être pourra-t-on envisager bientôt, à la maison, une ligne téléphonique pour les conversations et une ligne RNIS pour l'échange de données. Enfin, le câble (fibre optique), qui permet déjà de recevoir des chaînes de télévision, autorise des débits encore plus importants. (plusieurs mégabps/millions de bits par seconde). L'accès à Internet par câble est expérimenté dans le 7e arrondissement de Paris et à Metz notamment.

Tarifs
Le prix des communications devrait connaître un bouleversement à partir de 1998 avec la libéralisation des télécommunications et l'arrivée d'opérateurs privés.

Combien ça coûte ?

Les frais d'investissement comprennent évidemment l'achat d'un micro-ordinateur multimédia*. Mieux vaut une machine puissante : PC Pentium ou Power Macintosh avec au moins 8 mégaoctets de mémoire centrale, les ordinateurs plus anciens ne permettant pas de tirer pleinement partie des multiples ressources du World Wide Web*. Pour se connecter au réseau téléphonique, il faut un modem*; pour utiliser Numéris, il faut un adaptateur type carte RNIS. Coût total de l'installation : 10 000 à 15 000 F. Les frais de fonctionnement comprennent ensuite : l'abonnement auprès d'un *provider* et les coûts des communications. L'abonnement chez un *provider* par liaison téléphonique coûte de 80 à 200 F par mois ; par Numéris : 300 à 1 000 F (en mai 1996). Coût des communications locales RTC ou Numéris : 0,25 F/mn en heures pleines et jusqu'à 0,09 F/mn en heures creuses (pour Numéris, compter l'abonnement France Télécom en sus). Voir aussi le nouveau dispositif 36 01 13 13 de France Télécom (*voir* pp. 54-55).

Pour accéder à Internet, il faut s'abonner auprès d'un fournisseur d'accès. La qualité des installations conditionne le confort d'utilisation.

Les fournisseurs d'accès

Il existe plusieurs types de fournisseurs d'accès proposant différentes formules. Pour payer

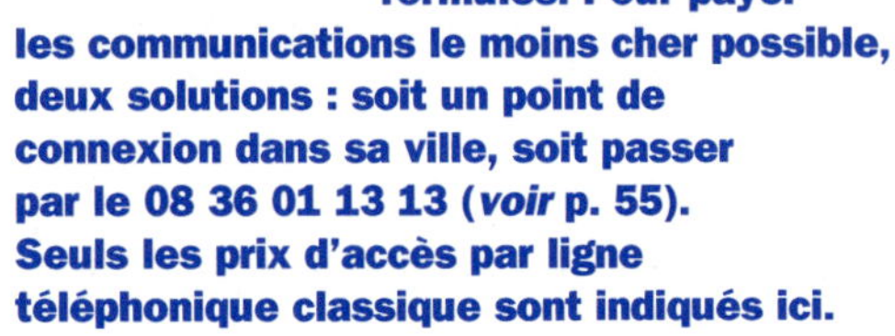

les communications le moins cher possible, deux solutions : soit un point de connexion dans sa ville, soit passer par le 08 36 01 13 13 (*voir* p. 55). Seuls les prix d'accès par ligne téléphonique classique sont indiqués ici.

Principaux *providers français**

Calvacom	01.34.63.19.19	www.calvacom.fr
Club Internet	01.46.46.46.56	www.club-internet.fr
Easynet	01.44.54.53.33	www.easynet.fr
EUnet	01.53.81.60.60	www.eunet.fr
France Pratique	08.00.06.79.27	www.pratique.fr
FranceNet	01.43.92.14.49	Franceweb.fr
Imaginet	01.43.38.10.24	www.imaginet.fr
Micronet	01.43.92.28.82	www.MicroNet.fr
Oléane	01.43.28.32.32	www.oleane.net
Worldnet	01.40.37.90.90	www.worldnet.net

Exemple de prix (mai 1996) : Club-Internet (Grolier Interactive). Inscription comprenant 1 mois gratuit : 149 F; abonnement mensuel : 77 F (accès complet, durée illimitée avec hébergement de page Web non commerciale); accès au service ludo-éducatif ID-Clic : 30 F supplémentaires par mois.

Réseaux de services en ligne

Les réseaux en ligne offrent un accès à Internet ainsi qu'un bouquet de services réservés aux abonnés (*voir* pp. 42-43).

America On Line	01.43.16.44.44	www.france.aol.com
CompuServe	08.01.63.81.22	compuserve.com/fr/
Infonie	01.41.02.80.80	www.infonie.fr
Microsoft Network	08.00.91.72.42	www.fr.msn.com

Exemples de prix : Infonie (mai 1996). Inscription : 490 F; prêt d'un modem contre dépôt de garantie : 500 F; abonnement : 199 F par mois (149 F sans l'accès Internet complet).

Wanadoo (France Télécom Interactive)
Wanadoo est un service particulier qui offre un accès à Internet et quelques spécificités mises en place par l'opérateur public pour ses abonnés : une passerelle vers le réseau Télétel (pour consulter les services du Minitel *via* Internet), l'accès au moteur de recherche* en langage naturel Youpi (ex : « je cherche un site Web sur le tourisme en France ») et à une galerie marchande électronique à paiement sécurisé.
Wanadoo 08.01.63.34.34 wanadoo.com.
Tarifs (mai 1996) : Inscription : 190 F ; puis 2 formules : 55 F pour 3 h de connexion par mois (19 F/heure supplémentaire) ou 110 F pour 15 h de connexion par mois (19 F/heure supplémentaire).

Opérateurs réservés aux entreprises
Ces sociétés offrent un accès Internet aux entreprises ainsi que la conception et l'hébergement de pages Web professionnelles.

Internet Way	01.41.43.21.10	www.iway.fr
France Teaser	01.47.50.62.93	www.teaser.fr/services.html
Skyworld	01.43.80.86.00	www.sky.fr/

Une adresse *e-mail* sans abonnement
Computer Answer Line 04.72.83.10.00

Une adresse *e-mail* par Minitel
36 12 Minicom (1,01 F la minute)
36 15 Adnet (1,29 F la minute)
36 17 Email (2,23 F la minute)

Des interlocuteurs :
Côté *providers* : Afpi (Association française des professionnels de l'Internet) : 01.34.63.19.19 (Calvacom)
Côté utilisateurs : AUI (Association des utilisateurs de l'Internet) : 01.45.52.47.99 (www.aui.fr)

Des numéros pour un accès à tarif réduit sur toute la France :
Trois numéros de téléphone permettent de se connecter à bas prix depuis n'importe quel endroit de France métropolitaine (à condition que le fournisseur d'accès offre cette possibilité) :
08.36.01.13.13 : 0,25 F la minute (jusqu'à 0,09 F/mn en tarif nuit)
08.36.01.14.14 : 0,37 F la minute avec un abonnement *provider* moins cher.
08.36.01.15.15 : 1,29 F la minute sans abonnement.

Une sélection de sites Web

Voici quelques sites sur le World Wide Web. Certains sont officiels, d'autres pas. Attention ! Chaque adresse doit être précédée par « http:// ».

L'Internet francophone

Culture

Web Museum du Louvre (plusieurs adresses existantes)	www.cnam.fr/wm/
Bibliothèque du Centre Pompidou	www.bpi.fr/
Bibliothèque nationale de France	www.bnf.fr
Cinéma	online.fr/cinefil

Médias

AFP	www.afp.com
Libération	www.liberation.fr/
Le Monde	www.lemonde.fr
Le Monde diplomatique	www.ina.fr/CP/MondeDiplo
Radio France	www.radio-france.fr
TF1	www.tf1.fr
France 2	www.france2.fr
France 3	www.france3.fr
Canal Plus	www.cplus.fr/

Tourisme

W3i Tourisme en France	www.w3i.com
Maison de la France	www.franceguide.com/

Commerce

Crédit Mutuel	www.credit.mutuel.fr/
Les Trois Suisses	www.trois-suisses.fr
La Redoute	www.redoute.com/
Globe Online (galerie marchande)	www. globeonline.fr
La Fnac	www.fnac.fr

Ministères, Assemblée, Sénat

Culture	www.culture.fr/
Éducation nationale	www.mesr.fr/
Postes, Télécom et Espace	www.telecom.gouv.fr/
Assemblée nationale	www.assemblee-nat.fr
Sénat	www.senat.fr/
Premier ministre	www.premier-ministre.gouv.fr

Cyber magazines

Chroniques de Cybérie www.cyberie.qc.ca/chronik/
Branchez-vous www.branchez-vous.com/

Pages personnelles

Anita Nguyen www.cybertheque.fr/perso/anita/

Insolite

Le village (IRC*) www.webconcept.fr/levillage
Caméras sur le Net http://www.cplus.fr/html/cyberflash/livcam.htm
Nirvanet www.nirvanet.fr

Pratique

Sytadin (trafic routier en temps réel) www.club-internet.fr/sytadin/index.html
Avocat Assistance www.AARConsommateur.org/
Le 11 du Minitel www.epita.fr:5000/11/

L'Internet anglophone

Bibliothèque du Congrès américain lcweb.loc.gov/homepage/lchp.html
Visible Human Project (anatomie) www.nlm.nih.gov/research/visible/visible human.html
Crayon (journal personnalisé) crayon.net/
CNN www.cnn.com/
Tourisme virtuel www.city.net/
Jeux vidéo http://www.gamesdomain.com/
Maison-Blanche www.whitehouse.gov/
FBI www.fbi.gov/
Rolling Stones stones.com/

Moteurs de recherche…

Alta Vista www.altavista.digital.com/
WebCrawler webcrawler.com/
Yahoo ! www.yahoo.com/

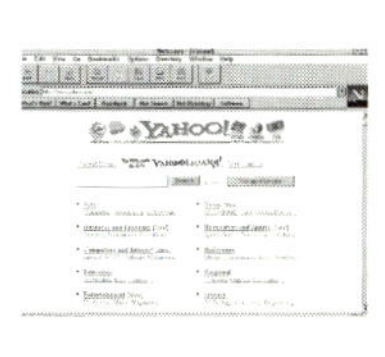

… uniquement francophones

Nouvelles de France (CNRS) web.urec.fr/france/france.html
Lokace ntiplus.iplus.fr/lokace/lokace.htm
Ecila ecila.ceic.com/
Balby www.filnet.fr/balby/

Glossaire

Nouvel univers, le cyberespace est le paradis des néologismes. Pour les mots anglais, des traductions sont indiquées entre parenthèses mais elles sont souvent moins utilisées.

Bande passante : le point crucial d'Internet ! La bande passante correspond au débit des lignes et modems. Plus elle est large, plus les informations circulent vite et en grand nombre. La bande passante se mesure en hertz et le débit en bits par seconde (bps).

Bps : bits par seconde, unité de mesure du débit (vitesse) des lignes et modems.

Bit : la plus petite unité informatique : 0 ou 1. Un caractère est composé de 8 bits.

Browser (Navigateur) : logiciel de navigation sur le World Wide Web.

Courrier électronique (*e-mail*) : système permettant d'échanger à distance des messages et des fichiers informatiques (sons, images, vidéos, etc.).

Cracker (Craqueur) : pirate informatique qui « craque » les systèmes, c'est-à-dire qui s'y introduit par effraction en passant outre les protections et les mots de passe.

Cryptage (ou cryptographie ou chiffrement) : codage d'une information interdisant à quiconque, autre que l'expéditeur et le destinataire, de la lire.

Cybercafé : café disposant d'ordinateurs reliés à Internet et accessibles aux consommateurs.

Cyberculture : culture commune à ceux qui évoluent dans le *cyber*.

Cyberespace (*cyberspace*) : terme inventé par l'écrivain William Gibson et repris pour désigner les univers virtuels d'Internet.

Cybernaute (ou internaute) : Utilisateur d'Internet. Qui évolue dans le cyberespace.

E-mail : *voir* courrier électronique.

En ligne (*On line*) : se dit d'un terminal (ordinateur, Minitel, téléviseur) relié à une source d'information distante.

Forums de discussion (*Newsgroups*) : espaces virtuels d'échanges d'informations. Chacun envoie sa contribution qui peut être lue par les autres. Les forums sont thématiques.

Fournisseur d'accès : société offrant, sur abonnement, l'accès à Internet. Un passage obligé pour les particuliers (*voir* pp. 52-53).

Freeware (Graticiel) : Logiciel que son auteur a décidé de distribuer gratuitement afin qu'il soit testé et apprécié par les autres utilisateurs.

FTP (*File Transfer Protocol*) : protocole de transfert de fichiers informatiques sur Internet.

Gopher : système d'accès aux informations sur Internet par arborescence, moins agréable que World Wide Web.

Hacker : bidouilleur informatique de talent. Les *hackers* n'aiment pas être traités de *crackers* !

Home page : page d'accueil d'un site Web. Également : page Web personnelle réalisée par un particulier pour se présenter.

Hors ligne (*Off line*) : produit multimédia non relié à une source d'information en temps réel distante (ex : CD-Rom).

HTML (*HyperText Mark-up Language*) : langage de programmation permettant de créer des pages Web.

HTTP (*HyperText Transfer Protocol*) : protocole de transmission utilisé dans le World Wide Web.

Hypermédia : hypertexte et multimédia.

Hypertexte : système de texte comportant des mots clés actifs sur lesquels on peut cliquer pour accéder à d'autres documents.

Internaute (ou cybernaute) : Utilisateur d'Internet.

Intranet : réseau interne d'entreprise fonctionnant selon la technologie Internet et offrant une passerelle vers l'Internet mondial.

IRC (*Internet Relay Chat*) : messagerie en direct.

Mirror (site miroir) : copie d'un site Web très fréquenté accessible par une autre adresse.

Modem (modulateur-démodulateur) : appareil électronique (boîtier externe ou carte interne) permettant de connecter un ordinateur sur une ligne téléphonique. Puissance des modems actuels : 9 600, 14 400, 28 800 et 33 600 bps.

Moteur de recherche : logiciel qui explore le réseau, recense les sites Web, et stocke les adresses dans une base de données pour en faire un annuaire. Par extension : un site proposant ce service.

Multimédia : association du texte, du son et de l'image sur ordinateur. Également : association de l'ordinateur, du téléphone et de la télévision.

Mur pare-feu (*fire-wall*) : machine placée entre Internet et un réseau privé pour le protéger des intrusions.

Netiquette : code de bonne conduite sur Internet, notamment dans les forums de discussion.

Netsurf/Netsurfing/Netsurfer : voir Websurf.

Newsgroups : *voir* forums de discussion.

Numérique : la base de l'informatique ! L'information numérique est codée sous forme de 0 et de 1 pouvant ainsi être traitée par des microprocesseurs (en opposition à l'analogique). Aujourd'hui, tout devient numérique : téléphone, radio, télévision, cinéma.

On line : *voir* en ligne.

Glossaire (suite)

Protocole de transmission : codes techniques permettant la communication entre machines (ex. : TCP/IP).

Provider : fournisseur d'accès. Désigne plutôt les fournisseurs simples, par opposition aux serveurs de bouquets en ligne.

Serveur en ligne : prestataire offrant un bouquet de services en ligne sur abonnement ainsi qu'un accès à Internet (ex : Infonie, CompuServe).

Shareware (Partagiciel) : logiciel distribué gratuitement mais avec obligation morale de rétribuer l'auteur en cas d'utilisation prolongée.

Site : un endroit du World Wide Web (situé sur un ordinateur) où se trouvent des informations accessibles à tous. À l'origine, un site désignait juste un ordinateur connecté en permanence à Internet.

TCP/IP : Protocole de transmission sur l'Internet. La langage commun du réseau des réseaux (*voir* pp. 6-7).

Téléachat : achat à distance *via* un terminal en ligne.

Téléchargement (*Downloading*) : importation de fichier informatique par recopie sur son disque dur.

URL (*Uniform Resource Locator*) : adresse d'un site Web (ex. : http://www.radio-france.fr).

Virtuel : qui n'existe pas matériellement. Exemple : un objet ou un paysage créé par ordinateur. Le Web ou les *newsgroups* sont aussi des espaces virtuels car « on y évolue » sans avoir besoin de s'y rendre physiquement.

World Wide Web (ou Web ou WWW ou W3) : « toile d'araignée mondiale ». Système hypermédia d'accès aux informations sur Internet. L'univers du World Wide Web est l'aspect le plus populaire du Net (*voir* pp. 16-17 et 18-19).

Websurf/Websurfing/Websurfer : le *Websurfer* « surfe » sur le Web… (Également : *Netsurfer*).

Windows : interface graphique développée par Microsoft. Aujourd'hui quasiment un standard sur les ordinateurs PC.

À consulter d'urgence :

le Lexique des néologismes Internet (www.culture.fr/culture/dglf/flexique.htm). Certaines traductions de ce glossaire en sont extraites.

Bibliographie sommaire

De nombreux livres ont été écrits sur Internet. En voici quelques-uns.
Les plus complexes sont signalés par un astérisque (*).

Découvrir Internet

(Pour une prise en main de l'internaute débutant)

BONDEVILLE (**Denys**), *World Wide Web*, Eyrolles, 1995.
LEVINE (**John R**), BAROUDI (**Carol**), *Internet pour les nuls*, Sybex, 1996.
J. SOHIER (**Danny**), *Le Guide de l'Internaute**, Éditions de l'Homme, 1996.
TORBEN RUDOLPH (**Mark**), *Internet World Wide Web*, Micro Application, 1996.

Annuaires de sites
(Pour « surfer » sur le World Wide Web)

ANDRIEU (**Olivier**), *L'officiel d'Internet*, Eyrolles, 1996.
LUNATI (**Thierry**), MALOCHET (**Stéphane**), DAVY (**Christophe**), *Annuaire de l'Internet francophone*, Éléis, 1996.
MARÉCAUX (**Michel**), VIÈGNES (**Laurent**), *Guide Internet*, Micro Application, 1996.

Comprendre (Comment ça marche et les enjeux)
DUFOUR (**Arnaud**), *Internet**, coll. « Que sais-je ? », PUF, 1996.
GUÉDON (**Jean-Claude**), *La planète cyber*, coll. « Découvertes », Gallimard, 1996.
HUITEMA (**Christian**), *Et Dieu créa l'Internet**, Eyrolles, 1995.

Aller plus loin

ANDRIEU (**Olivier**), LAFONT (**Denis**), *Internet et l'entreprise**, Eyrolles, 1995.
CHALÉAT (**Philippe**), CHARNAY (**Daniel**), *HTML et la programmation de serveurs**, Eyrolles, 1996.
Internet, les enjeux pour la France, sous la direction de **Daniel Kaplan**, Aftel, À jour, 1995.
ITÉANU (**Olivier**), *Internet et le droit**, Eyrolles, 1995.

Et aussi
BELLIN (**Olivier**), *Le Multimédia*, coll. « Qui, Quand, Quoi ? », Hachette 1996.
CEDRO (**Jean-Michel**), *Le Multimédia*, coll. « Les Essentiels Milan », Éditions Milan, Toulouse, 1995.
MONET (**Dominique**), *Le Multimédia*, coll. « Dominos », Flammarion, 1994.
VIRILIO (**Paul**), *Cybermonde, la politique du pire*, entretien avec Philippe Petit, Textuel, 1996.

Revues
L'Ordinateur individuel, *Interactif*, *Internet Reporter*, *Netsurf*, *Planète Internet* et *SVM* (*Science & Vie Micro*).

Index

Le numéro de renvoi correspond à la double page.

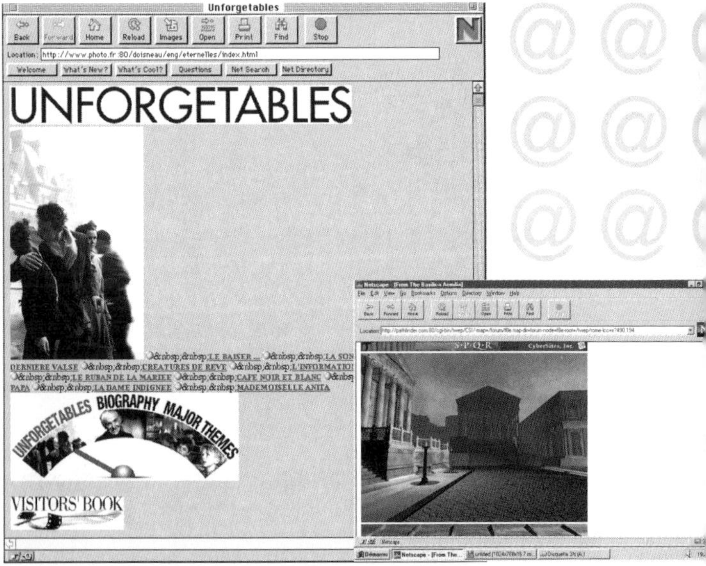

Netscape - [L'Exposition Cezanne]
Netscape - [Pour les Petits]
La découverte de la lecture
picoti
9 mois à 2 ans
Pour les poussins, à lire à 4 mains.
Picoti, tous les mois, est un rendez-vous attendu pour les moments de câlin, de joie, d'amour et de tendresse à partager... un magazine à lire à deux.
Je m'abonne

Dans la collection *Les Dicos Essentiels Milan*

Le dico du multimédia
Le dico du citoyen
Le dico du français
Le dico des sectes

Dans la collection *Les Essentiels Milan*

1 Le cinéma
2 Les Français
3 Platon
4 Les métiers de la santé
5 L'ONU
6 La drogue
7 Le journalisme
8 La matière et la vie
9 Le sida
10 L'action humanitaire
12 Le roman policier
13 Mini-guide du citoyen
14 Créer son association
15 La publicité
16 Les métiers du cinéma
17 Paris
18 L'économie de la France
19 La bioéthique
20 Du cubisme au surréalisme
21 Le cerveau
22 Le racisme
23 Le multimédia
24 Le rire
25 Les partis politiques
26 L'islam
27 Les métiers du marketing
28 Marcel Proust
29 La sexualité
30 Albert Camus
31 La photographie
32 Arthur Rimbaud
33 La radio
34 La psychanalyse
35 La préhistoire
36 Les droits des jeunes
37 Les bibliothèques
38 Le théâtre
39 L'immigration
40 La science-fiction
41 Les romantiques
42 Mini-guide de la justice
43 Réaliser un journal d'information
44 Cultures rock
45 La construction européenne
46 La philosophie
47 Les jeux Olympiques
48 François Mitterrand
49 Guide du collège
50 Guide du lycée
51 Les grandes écoles
52 La Chine aujourd'hui
53 Internet
54 La prostitution
55 Les sectes
56 Guide de la commune
57 Guide du département
58 Guide de la région
59 Le socialisme
60 Le jazz
61 La Yougoslavie, agonie d'un État
62 Le suicide
63 L'art contemporain
64 Les transports publics
65 Descartes
66 La bande dessinée
67 Les séries TV
68 Le nucléaire, progrès ou danger ?
69 Les francs-maçons
70 L'Afrique : un continent, des nations
71 L'argent
72 Les phénomènes paranormaux
73 L'extrême droite aujourd'hui
74 La liberté de la presse
75 Les philosophes anciens
76 Les philosophes modernes
78 Guy de Maupassant
77 Le bouddhisme
79 La cyberculture
80 Israël
81 La banque
82 La corrida
83 Guide de l'état
84 L'agriculture de la France
85 Argot, verlan, et tchatches
86 La psychologie de l'enfant
87 Le vin
88 Les OVNI
89 Le roman américain
90 Le jeu politique
91 L'urbanisme
93 Alfred Hitchcock
94 Le chocolat
95 Guide de l'Assemblée nationale
96 À quoi servent les mathématiques ?
97 Le Front national
98 Les Philosophes Contemporains
99 Pour en finir avec le chômage
101 Le problème corse
102 La sociologie
103 Les terrorismes
104 Les philosophes du Moyen Âge
105 Guide du Conseil économique et social
106 Les mafias
107 De la Ve République à VIe la République ?
108 Le crime
109 Les grandes religions dans le monde
110 L'eau en danger ?
112 Mai 68, la révolution fiction
113 Les enfants maltraités
114 L'euro
115 Les médecines parallèles, un nouveau défi
116 La calligraphie
120 Les cathares, une église chrétienne au bûcher
118 Les grandes interrogations philosophiques
119 Le flamenco, entre révolte et passion
117 L'autre monde de la Coupe
121 Les protestants
122 Le fonctionnement de l'esprit, entre science cognitive et psychanalyse
123 L'enfant et ses peurs
124 Les enjeux de la physique

Responsable éditorial
Bernard Garaude
Directeur de collection – Édition
Dominique Auzel
Secrétariat d'édition
Véronique Sucère
Correction – révision
Jacques Devert
Iconographie
Sandrine Batlle
Conception graphique
Bruno Douin
Maquette-Infographies
Isocèle
Fabrication
Isabelle Gaudon
Marie-Line Danglades

Crédit photos :
J'ai lu : p. 20 / Télérama : p. 24 / Infonie : pp. 25, 54 / Sefti : p. 27 / Canal + - photothèque : p. 33 / Microsoft - France : p. 41 / ID Clic : p. 43 / Alcatel - photothèque : p. 45 / Igrec Communication : p. 50 / Sunrgia : p. 53

Aubin Imprimeur, 86240 Ligugé. — D.L. juillet 1998. — Impr. P 56520